ADOLF PORTMANN
AN DEN GRENZEN
DES WISSENS

Adolf Portmann

An den Grenzen des Wissens

Vom Beitrag der Biologie zu einem neuen Weltbild

Mit 17 teilweise farbigen Zeichnungen des Autors

Econ Verlag
Wien · Düsseldorf

1. Auflage 1974

Gesetzt aus der 10 Punkt Garamond der Linotype GmbH
Gesamtherstellung Mohndruck Reinhard Mohn OHG, Gütersloh
Printed in Germany
ISBN 3 430 17599 2

INHALTSÜBERSICHT

VORWORT

Nach mehr als fünf Jahrzehnten biologischer Arbeit in Forschung und Unterricht wage ich eine Umschau über mein Arbeitsfeld – in einer Zeit, die mit Hoffnung wie mit Furcht, mit viel Optimismus und ebenso großer Skepsis dem großen Einschnitt des Jahres 2000 entgegensieht. Dieser Absicht kam die Anregung der »Weltwoche« entgegen, in einer Serie von Beiträgen über die Zeit meiner Hochschularbeit zu berichten. Förderlich war vor allem der Vorschlag, eine erste Fassung im Gespräch mit Peter M. Ronner, einem der Redaktoren der Weltwoche zu registrieren. Nach gemeinsamem Entschluß ist darauf eine Artikelreihe entstanden, die unter Verzicht auf die Gesprächsform im Spätherbst 1973 erschienen ist.

Sie ist der Kern des vorliegenden Buches geworden, wobei durch die Möglichkeit einer erweiterten Darstellung manches umgestellt werden mußte. Für die Diskussion dieser neuen Fassung bin ich E. von Wehrenalp herzlich dankbar.

Das Buch will aus der Sicht eines der Morphologie gewidmeten Forscherlebens die Entwicklung einiger wichtiger biologischer Theorien in der Zeit meines Wirkens darstellen und die damit verbundenen Ansichten über Grundfragen der Daseinsgestaltung überprüfen. Die biographischen Einzelheiten dienen der Klärung meines Standortes – als persönlicher Lebensrückblick im strengeren Sinn dieses Wortes können sie nicht gelten. Die Bilder mit ihrem besonderen Text wollen die biologischen Bemerkungen ergänzen als Zeugen aus meiner Frühzeit, die schon ganz vom Interesse an den organischen Gestalten bestimmt war.

Basel, im Juli 1974 Adolf Portmann

I
AUFBRUCH IN DAS REICH DER WISSENSCHAFT

Die Bilderreihe umfaßt das Jahrzehnt von 1915 bis 1925, die Zeit, in der mein Drang zur bildhaften Darstellung der lebendigen Gestalten sich besonders intensiv ausgelebt hat. Damals haben sich die Naturstudien gehäuft – nach den Jahren in Banyuls-sur-mer hat die Laborarbeit eine Beschränkung des geliebten Zeichnens erzwungen. 1915 ist das erste Bild datiert. Ich arbeitete, als diese Tierstudien entstanden, bereits neben der Schule in der alten Zoologischen Anstalt am Rhein, um etwas weniges zu verdienen. Das Ordnen der veralteten Sammlung unter der freundschaftlichen Leitung eines Assistenten verschaffte mir wichtige Kenntnisse von Fischen, Kriechtieren und Amphibien – die Leidenschaft des Zeichnens aber galt den Vögeln und vor allem den Säugetieren. Formprobleme, die mich auch in späteren Jahren nicht mehr losließen, sind in jenen frühen Tagen von der zeichnenden Hand in erster Fassung vorweggenommen worden: das ornamentale Hervorheben der Kopfgestalt oder des Spiegels der Hirsche – diese polare Steigerung der Formwerte ist in vielen dieser Studien unbewußt gespeichert worden. Ich brachte alle freien Stunden im kleinen Tierpark im nahen Walde zu, da er leichter erreichbar war als der jenseits des Rheins gelegene Zoo. Zu manchem Thema, das ich später im Unterricht ausgiebig entwickelt habe, sind in jenen glücklichen Stunden erste Keime vorbereitet worden.

Lange Erlen.
19. April 15
A. Portmann

An einem späten Nachmittag in den ersten Augusttagen des Jahres 1914 kam ich müde von einer Wanderung aus dem nahen Schwarzwald zurück. Ich hatte mich den ganzen Tag in Aquarellstudien versucht, im Bann einer heftigen Leidenschaft, und kehrte nahe der Schweizer Grenze in einem Wirtshaus ein. Eine Überraschung: Deutsche Soldaten traten ein, in Feldgrau, auch die Pickelhauben mit dem grauen Stoff überzogen. Sie holten Proviant. Ein Blick durchs Fenster: Auf dem nahen Bahngeleise standen Züge mit Geschützen. Wir wußten, daß die deutsche Armee für den Kriegsfall gerüstet war; aber jetzt standen die Feldgrauen vor mir. Und an der Landesgrenze wachte bereits ein deutscher Landsturmmann. Ein letztes Mal überschritt ich diese mir von Kindheit vertraute Grenze ohne irgendeine Form von Ausweis. Von Reisepässen hatten wir damals nur etwa in russischen Geschichten gelesen. Rasch genug sollten wir darauf erfahren, was der Mensch ohne Paß ist!

Jener Augusttag brachte für mich nicht allein den letzten paßfreien Grenzübergang. Er war die Wende zu einem neuen Lebensabschnitt. Soldaten in unserem Schulhaus; vor uns Jungen stand der Schulabschluß und der nahe Militärdienst – ein ernster Einschnitt in der Jugendzeit. Grenzdienst statt Studienanfang; später Generalstreik in der Schweiz, die Aussichten für werdende Wissenschaftler düster – das alles beschleunigte gar manche Reifeprozesse der Generation, die noch aus dem letzten Jahren des vergangenen Jahrhunderts stammt.

Ich blicke zurück in jene Zeit vor dem Ersten Weltkrieg, in eine Kindheit, die wohl viel Sorge und Not kannte, aber dafür auch das große Glück der Geborgenheit zu Hause. Wir durchlebten Jahre stürmischer technischer Änderungen. Meine ersten Kinderbücher las ich noch beim Licht einer Petroleumlampe. Der Schmetterlingsbrenner in der Küche, diese freiflackernde, so lebendige Gasflamme war bereits ein wichtiger Schritt in eine neue Zeit, sehr bald verbessert durch den Auer-Glühstrumpf. Dann aber kam das große Wunder: Die erste elektrische Birne in unserer bescheidenen Wohnung.

Damals spielte freilich die Beleuchtung noch keine so entscheidende Rolle wie heute. Bücher waren bei uns recht selten, mußten wir doch an allem und jedem sparen. Auch in den späteren Schuljahren besaß ich kein eigenes zoologisches Buch. Doch sobald ich alt genug war, um mich in einer öffentlichen Bibliothek zeigen zu dürfen, wurden dort Bücher entliehen, leidenschaftlich die Tierbilder herausgezeichnet, und so entstand in frühen Jahren mein erstes eigenes Tierbuch. Natürlich ist es mit nichts zu vergleichen, was den jungen Menschen gegenwärtig zur Verfügung steht; es darf aber wohl als Vorzeichen für eine innere Bestimmung gelten.
Heute überschwemmt uns eine Flut der herrlichsten Tierbilder aus aller Welt; Bilder, die oft nur flüchtig angeschaut, nur sehr selten wirklich aufgenommen werden! Mir wird immer mehr bewußt, daß der Weg, auf dem ich seinerzeit meine Tierkenntnis erwerben mußte, eine tiefere Wirkung hat, als sie der Überfluß an Filmen und Farbfotos zu bieten vermag. Kein Wort im übrigen gegen Foto und Film: Ich habe selbst in meinen späteren Jahren gerne – aber mit Maß – von ihnen profitiert.
Den Abstand von dieser fernen Jugendzeit zur Gegenwart markiert auch die Erinnerung, wie wir Buben noch unweit von unserem Heim den Mist für unseren geliebten kleinen Garten sammeln konnten, am Rande von Basel auf der Straße und auf weiten Schafweiden nahe dem Rhein, in einer herrlichen Wildnis, die seit langem von der Industrie und vom Rheinhafen verdrängt worden ist.
In dieser Atmosphäre voll wilden Lebens am Rande der Stadt wuchs ich heran, ohne mir in den Schuljahren Gedanken darüber zu machen, daß ich einmal Zoologe werden könnte. Das kam als etwas ganz Selbstverständliches. Zurückblickend finde ich keine zweifelnden Stunden, keine grüblerischen Momente der Wahl, als ich im Ersten Weltkrieg Zoologie zu studieren begann. Man kann also wohl von einer inneren Bestimmung sprechen, obschon meine Lehrer in den letzten Schuljahren gar nicht dieser Meinung waren. Sie schlossen aus meinem vorwiegenden Interesse an Geschichte und Litera-

tur, daß ich meine Bewährung doch wohl in dieser Richtung suchen werde.

Die Wahl fiel mir also leicht. Doch wohin sollte sie führen? Zoologie war ja damals gar kein Beruf. Das wurde mir amtlich bestätigt, als ich schließlich 1921 mit einem Doktordiplom auf das Kontrollbüro der Polizei wanderte und mich dort als Zoologe eintragen wollte. »Entweder sind Sie Lehrer«, meinte der Beamte, »oder Sie arbeiten in einem Museum oder vielleicht im Zoologischen Garten.« Ich aber tat nichts von alledem, blieb Dr. phil., und Zoologie erwies sich als eine brotlose Kunst. Während Jahren mußte ich meinen Lebensunterhalt auf anderen Wegen verdienen, durch freie journalistische Arbeit, vor allem aber durch Zeichnen. Ich illustrierte, was sich anbot: Kindergeschichten und Romane; ich malte Firmenschilder und Schriften für alle möglichen Firmen und Messeveranstaltungen. Von Stipendien, die ein freies Studium der frei gewählten Wissenschaft ermöglicht hätten, wußten wir in jenen Tagen nichts. So kam es schließlich, daß meine wissenschaftliche Ausbildung, nach Abschluß der Universitätsstudien in Basel und Genf, ein ziemlicher Wildwuchs war. Ich schlug mich irgendwie durch, mit dem einzigen klaren Ziel, genau jene Wissenschaft treiben zu können, die mir vorschwebte, und ich stellte mich darauf ein, daß dies auf lange Zeit nur möglich sein werde, wenn ich mein tägliches Brot auf andere Art verdienen konnte.

Zunächst befriedigte ich eine große Sehnsucht nach dem Meer und seinem Leben, und das für Jahre. 1921 und 1922 brachten mir zwei lang erstrebte Reisen nach Helgoland den ersten intensiven Kontakt mit der marinen Tierwelt. Nach Studien in München, Berlin und Paris, die trotz der Existenzsorgen immer der Kunst und der Forschung zugleich galten, wurde die Arbeit an der marinen Tierwelt monatelang in der Bretagne in der »Station Biologique« zu Roscoff – mitten im Winter fortgesetzt. Im Laboratorium, in jenen Zeiten noch nicht für die kalte Jahreszeit ausgerüstet, war ich der einzige Gast. Marine Forschung, damals im Universitätsbetrieb des Binnenlandes vor allem eine »Ferienbiologie«, bevorzugte Frühling

und Sommer. So gab es in der Winterzeit eine Fülle nur dürftig bekannter Lebensvorgänge, die mich auch in späteren Jahren immer wieder in den kalten Monaten an die bretonische Küste lockten. Ich habe die grauen Häuser mit den Dächern voll goldener, spangrüner oder schwarzer Flechten ebenso lieb gewonnen, wie das heimliche Tierleben in der Algenzone der Atlantikküste. Die Meeresschnekken, die sich seltsamerweise im tiefen Winter fortpflanzen, sind für viele Jahre mein bevorzugtes Arbeitsgebiet geblieben.
In jenem Winter 1923/24 boten einsame Winterabende Gelegenheit, die reiche marine Bibliothek zu nutzen. Dabei stieß ich immer wieder auf Arbeiten aus dem »Laboratoire Arago« am Mittelmeer; sicher haben diese Erfahrungen mitgeholfen, daß die Sehnsucht wuchs, dort im Süden, in Banyuls-sur-mer, nahe der spanischen Grenze, zu arbeiten. Es gelang – eine großzügige private Hilfe befreite mich auf einige Zeit von den ärgsten Sorgen, und so konnte ich von 1924 bis ins Jahr 1927 am Mittelmeer weiterforschen.

Der Vorstoß zu neuen Ufern

Wo aber stand die Biologie um 1916, zur Zeit meiner ersten Studien? Der Kontrast zur Gegenwart ist groß und legt es nahe, einen Blick auf die Lage von anno dazumal zu werfen. Bis dahin hatte es Zoologen und Botaniker gegeben: Die Bereiche waren recht klar abgegrenzt, die Lebensforschung suchte man an unseren Hochschulen in den besonderen Instituten der Zoologie oder der Botanik zu betreiben, auch in den Laboratorien der Anatomie und der Physiologie, die meist der Medizin zugeteilt waren.
Aber wir Jungen begannen nach »Allgemeiner Biologie« zu suchen, forderten Lehrbücher für dieses neue verbindende Gebiet, verlangten, daß sich die Hochschule auf eine umfassendere Sicht des Lebendigen einstelle. Erste Stimmen einer Zukunftsmusik! Die Erfüllung dieser frühen Forderung hat auf sich warten lassen; sie vollzieht sich noch heute bei uns mit beträchtlichen Schwierigkeiten.
Für den jungen Naturforscher – ob er sich später der Heilkunde oder

der Lebensforschung zuwenden will – steht in unseren Tagen die Thematik dieser allgemeinen Biologie im Mittelpunkt und nicht mehr ein Studium von Zoologie oder von Botanik. Wohl wird auch in Zukunft der Biologe durch seine Neigungen mehr Zoologe oder Botaniker sein; aber er wird immer weit über diese Grenzen hinausblicken und sich auf beiden Tätigkeitsfeldern umsehen müssen. Wer das Leben der Zelle ergründen will oder den Gesetzen der Vererbung nachgeht, der sucht sich seine Objekte im Pflanzenreich wie bei den Tieren.

Noch eine andere Entwicklung hat die innere Spannung eines Lebens für Forschung und Unterricht in den 60 Jahren mitbestimmt, denen dieser Rückblick gilt. Als mein Studium begann, war das Lichtmikroskop mit seinen raffinierten Zusatzgeräten eben zu einer hohen Vollendung entwickelt worden. Wir dachten, damit sei wohl eine Grenze der Sichtbarkeit für das menschliche Auge gegeben. Heute aber zeigen uns die Biologiewerke elektronenmikroskopische Aufnahmen, neue graue Bilder vom Lebensstoff mit befremdlichem Inhalt. Ungefähr um das Jahr 1930 hat die Erfindung dieses Elektronenmikroskops mit einem Schlag die lineare Vergrößerung des Lichtmikroskops um etwa das Hundertfache erweitert.

Wenn die jüngeren Leser – vertraut mit ganz neuen Möglichkeiten – diesen Bericht vielleicht mit Nachsicht für die ältere Generation zur Kenntnis nehmen, so wird es gut sein, daran zu denken, daß diese ältere Generation in den letzten Jahren ihres Wirkens noch einmal mit Begeisterung in die Schule gegangen ist, um eine ganz neue Technik zu erlernen und eine völlig neu zu leistende Auslegung der rätselvollen Bilder zu beginnen, die das Übermikroskop erschlossen hat. Im wissenschaftlichen Feld hört das Lernen nie auf. Wenn man heute überall von dauernder Weiterbildung spricht, so ist das ein Wort, das für die Naturforscher schon lange gilt, jetzt aber zur Realität für die gesamte technische Welt geworden ist.

Diese Wandlung durch ein neues Instrument war keineswegs der einzige Einbruch in das Denken der jungen Biologen. In der Zeit, da am Horizont der physikalischen Einsicht die Möglichkeit für ein

Elektronenmikroskop auftauchte, wurde das Forschungsfeld der großen Moleküle in seiner vollen Bedeutung entdeckt. Gewiß hatte man diese Makromoleküle schon gekannt, aber die Arbeit mit ihnen, das Erkennen der Tragweite ihrer Erforschung für Theorie und Praxis, begann erst etwa zwischen 1920 und 1925. Diese Entwicklung hat schließlich eine neue Welt der Kunststoffe erschlossen.

Eine Welt! Meine Generation war herangewachsen in einer Bewegung des gewerblichen Gestaltens, die mit erneuter Liebe die Hochachtung für die Naturstoffe im Menschenwerk erstrebt hatte. Kunststoffe erschienen damals als kriegsbedingter Ersatz. Noch lange hat das Wort »Ersatz« diesen abwertenden Sinn einer Notlösung behalten – es ging ja nicht zufällig als deutsches Wort mit dieser Betonung des Geringeren in die französische Alltagssprache ein. Die Naturstoffe, die waren das Echte. Das Material, das greifbar und sichtbar um uns zu finden war, galt es mit seinen besonderen Möglichkeiten in der menschlichen Formgebung zu nutzen. Es dauerte lange, bis der Vormarsch von Physik und Chemie neue Substanzen zur Geltung brachte, die auf ihre besondere Art ja auch »Natur« sind, die aber nicht ohne weiteres als Gottesgaben erschienen, wie Holz, Leder oder Metalle, Pflanzenfasern oder die Wolle des alten Handwerks. Daß auch die neuen Stoffe auf eine ganz neue Art »echt« sind, haben wir langsam lernen müssen.

Heute ist der Kunststoff die große neue Leistung der Technik und die Erforschung der makromolekularen Welt ein vorderstes Arbeitsfeld der Biologie, das in den fünfziger Jahren die Genetiker zur Entdeckung der Doppelhelix geführt hat, der eigenartigen Schraubenstruktur der Chromosomen im Zellkern mit fundamentaler Bedeutung für Vererbung und Evolution.

Neue Spannungen für uns junge Zoologen der zwanziger Jahre ergaben sich aus weiteren Entwicklungen. Ich denke daran, daß in unserer badischen Nachbarschaft, in Freiburg im Breisgau, Hans Spemann wirkte, einer der bedeutendsten unter den Forschern, welche die Experimentierkunst am tierischen Keim in neue Bahnen lenkten und die Vorgänge im Entwicklungsgeschehen erhellten. Wir erleb-

ten damals einen Rausch der Entdeckerfreuden. Dabei war diese »Entwicklungsphysiologie« ja nur *ein* Pol der neuen Biologie; am anderen entstand eine »Verhaltensforschung«, welche die Tiergestalt als lebendiges Ganzes wieder auf neue Art zur Geltung bringt.
Der junge Zoologe, von dem ich erzähle, verschlang in den Jahren, da er sich über das Forschen an Makromolekülen informierte, auch die Werke von Jakob von Uexküll, eines kraftvollen, eigenständigen Biologen, der damals in keinen akademischen Rahmen paßte. Uns erregte vor allem sein Buch »Innenwelt und Umwelt der Tiere«, das 1921 erschienen war und in dem gezeigt wurde, wie verschieden die Welten einer Spinne, einer See-Anemone, eines Seeigels oder einer Schnecke strukturiert sind, wie fremdes Sinnesleben, andere Tonwelten, Geruchs-, Geschmacks- und Tastwelten um uns herum existieren.
»Tierpsychologie« war damals bei den Verteidigern einer exakten Forschung in Verruf geraten. Was konnte die Naturwissenschaft im Ernst über das Seelenleben der Tiere aussagen? Hatte die Biologie nicht endlich durch den Verzicht auf Seelenforschung den Weg gefunden, auf dem Physik und Chemie so erstaunliche Fortschritte machten? Im Hin und Her um dieses Problem der Tierseele wies J. von Uexküll den Weg, wie die so verborgene und aus der Forschung verbannte Innerlichkeit erschlossen werden konnte. Er zeigte uns, wie jeder der vielen Tiertypen durch die Eigenart seines Sinnenlebens und der Hirnstruktur aus der Fülle der Außenwelt eine Auslese von Eindrücken aufnimmt, aus der sich das von Gruppe zu Gruppe verschiedene Erleben fremde »Umwelten« aufbaut, die uns Menschen zunächst verborgen sind, zu denen aber kritische Forschung einige Zugänge zu öffnen vermag. Aus dieser Besinnung entwickelte sich im folgenden Jahrzehnt eine neue Arbeitsrichtung der Biologie, die eine Analyse des Gebarens der Tiere zum Ziele hatte.
Welche Rolle das neue Forschungsfeld in wenigen Jahrzehnten spielen sollte – wer konnte das ahnen in der Zeit des Ersten Weltkriegs, da dieses Arbeitsgebiet noch nicht einmal einen eigenen Namen hatte. Ich versuchte selbst in jenen Jahren, in denen v. Uexkülls

Buch erschien, in meiner Doktorarbeit zu erfassen, wie weit das Gebaren von Insekten als ein festgeprägtes Merkmal gelten darf. Die Libellenwelt meiner Heimat hatte ich mir ausgesucht und trachtete über die längst bekannten gestaltlichen Merkmale hinaus die Flugweise, die besondere Art des Rastens, die arttypischen Formen von Begattung und Eiablage oder das Gebaren der Larven in die Artbeschreibung einzugliedern und gruppentypische Regeln dieses Benehmens zu bestimmen. Erst viel später, als ich dieses frühe Arbeitsfeld verlassen hatte und als das Wort »Verhaltensforschung« wie eine Neuigkeit ertönte, wurde mir bewußt, daß ich in meiner Erstlingsarbeit in redlichem Bemühen diese kommende Erweiterung unserer Darstellung tierischen Lebens betrieben hatte. Auch der dänische Zoologe C. Wesenberg-Lund, dem ich damals wichtige Anregungen verdankte, hatte die neue Wendung nicht in einer eigenen Bezeichnung festgelegt.

Wie fern das kommende Wort damals noch war, davon zeugt noch der Untertitel, mit dem ich um 1919 die besondere Absicht meiner Arbeit bezeichnete: »Ein Beitrag zur biologischen Systematik« – wobei im alten Wortsinn »biologisch« eben jene Eigenheiten eines Tierlebens bezeichnet wurden, die nicht morphologisch oder physiologisch zu fassen waren! Studien dieser Art gab es damals schon da und dort, doch habe ich sie viel später erst kennengelernt, als ich den Zugang zur Welt der Vögel suchte. Ich denke an die Pionierarbeiten von Oskar Heinroth in Berlin über Enten oder an die Taubenstudien (1911) des Amerikaners Ch. O. Whitman in Chikago und Woods Hole (die letzteren sind erst nach 1919 bekannt geworden). Beide galten dem Themenkreis, dem ich im Libellenleben nachging. Wer mir in meiner Einsamkeit damals zur Seite stand, davon wird noch zu berichten sein.

Forschung und Lehre als neue Aufgabe

Die Wissenschaft vom Lebendigen hat sich nicht in steilem Aufstieg gleichsam durch Nacht zum Licht in immer reinere Höhen des Wissens und des technischen Könnens entwickelt. Aller Fortgang des Forschens muß sich ja schließlich im Leben vieler menschlicher Existenzen und der sich folgenden Generationen ausformen und durchsetzen. Damit folgt es auch den Trägheitsgesetzen alles geistigen Lebens, die in normalen Zeiten die Kontinuität der äußeren Formen in Unterricht und Mitteilung bestimmen und bald fördernd, bald hemmend auf die Entwicklung einwirken. Die Gesellschaft, in der Forschung betrieben wird, muß ja die Mittel bewilligen für den Bau von Häusern; sie muß Hörsäle und Laboratorien einrichten, Besoldungshierarchien aufstellen und erhalten – Einrichtungen, die sich nicht sogleich nach jedem Ergebnis der Forschung richten, so bedeutend diese auch sein mögen.

In den Hochschulen wirken unter Umständen jahrzehntelang die gleichen Männer und Frauen – Frauen freilich noch recht selten in der Zeit, von der ich berichte – Lehrer, von denen sich manche in ihrer Lebensspanne nur langsam mit dem neuen Stoff vertraut machen, während andere das stets fort sich wandelnde Angebot von Neuem möglichst rasch aufnehmen und ihre Schüler sogleich zu den wechselnden Fronten der Forschung führen. Von Hörsaal zu Hörsaal, von Institut zu Institut wechselt also die Entwicklungsgeschwindigkeit der Mitteilung und Überlieferung von Forschungsergebnissen sehr stark. Mein eigener Wirkungskreis mag diese Situation illustrieren. Seit der Gründung des Lehrstuhls für Zoologie (1855) haben drei Professoren dieses Amt innegehabt: Sie wirkten je 38, 38 und 37 Jahre – in derselben Zeit hat der botanische Lehrstuhl unserer Universität – wenn ich richtig zähle – etwa achtmal seinen Inhaber gewechselt. Niemand wird die Entwicklung der Fachgebiete an einer bestimmten Hochschule einigermaßen gerecht darstellen können, der solche biographischen Tatsachen unterschätzt.

Das Bild der Zoologie hat sich seit der Zeit, da ich meine Studien begann, stark verändert. Der Unterricht war bis zum Ende des Ersten Weltkrieges noch in sehr enge traditionelle Bahnen gezwungen. Zoologie, das war Kenntnis der Vielfalt des Tierreichs, ein weitgehend auf systematische Aspekte aufgebauter Überblick über all die einzelligen und vielzelligen Tiergruppen. Für den Unterricht der Mediziner war relativ frühzeitig ein Teil als besonders wichtig ausgebaut worden: Eine Vorlesung über die vergleichende Anatomie der Wirbeltiere, in deren Zentrum der Bau und das Werden der Menschengestalt stand.

In diesem Rahmen erfuhr ich meine Ausbildung als Zoologe – selbstverständlich in jugendlicher Auflehnung darauf bedacht, nicht nur Wissen zu speichern, sondern auch kritisch zu erfassen, was an diesem Unterricht verbessert werden könnte. Es wird für die jungen Revolutionäre unserer Tage schwer zu glauben sein, daß wir mindestens mit der gleichen Begierde, wie sie es heute tun, schon damals die Kritik am Unterricht vollzogen; wenn wir auch nicht so viel Mitspracherecht verlangten, wie das heute zeitgemäß geworden ist, so war doch die Kritik genau so angriffsfreudig wie jetzt. Was wir in unserer Freizeit miteinander diskutierten, das waren Gebiete, die damals im Hörsaal unserer Meinung nach zu kurz kamen: Die Chromosomen-Theorie, die neue Vererbungslehre, die Biochemie.

Bereits in den Jahren nach dem Weltkrieg begann – ich spreche von der Zoologie – ein neuer Wind zu wehen, in der Schweiz zunächst besonders belebend an der Universität Genf. Dort hatte der außergewöhnliche Forscher und Lehrer Emile Guyénot, ein Franzose aus dem nahen Jura, einen begeisternden zoologischen Unterricht aufgebaut, dessen Ruf mich veranlaßte, sogleich nach meinem Doktorexamen in Basel eine Assistentenstelle in Genf zu suchen, um in einer befruchtenden Forschungsatmosphäre wirken zu können. Auch in Bern setzte wenig später ein neuer Zug ein. Es war Friedrich Baltzer, der in den besten deutschen Forschungsstätten herangewachsene Berner, von Boveri in der neuen Erforschung der tierischen Frühentwicklung geformt, der in seinem Unterricht den wichtigen Umbruch vollzog. Noch immer denke ich an freundschaftliche und fruchtbare Diskussionen zurück, durch die ich als junger Basler Dozent in den Jahren 1928 bis 1930 an den Erfahrungen Baltzers teilhaben durfte. Aus der Genfer Schule brachte Robert Matthey, der in der Chromosomenforschung so Bedeutendes geleistet hat, die neuen Impulse nach Lausanne, und in Neuchâtel führte J. G. Baer, der in seiner eigenen Arbeit die Tradition seines Instituts, die Parasitologie, weiter entwickelte, in seinem Unterricht den Übergang zur neuen allgemeinen Zoologie durch. In der Werkstatt Baltzers bereitete Ernst Hadorn seine weitwirkende Laufbahn in Zürich vor.

Mir war inzwischen in der alten Rheinstadt um 1928 die Aufgabe zugefallen, für meinen schwer erkrankten Lehrer Friedrich Zschokke die Leitung der Zoologischen Anstalt zu übernehmen und die notwendig gewordenen neuen Formen des Unterrichts zu finden. Dies hatte schrittweise zu geschehen – nicht nur, um einen verehrten, leidenden Lehrer nicht zu verletzen, sondern, weil in einem Hörsaal mehrere Jahrgänge von Studenten vereinigt sind: Es konnte in einer solchen Übergangszeit nicht auf einmal ein völlig neuer Stoff geboten werden, für den übrigens damals nicht einmal die nötigen Lehrwerke zu finden waren.

Ich war darauf vorbereitet, den Weg zu einer allgemeinen Biologie zu suchen – vor allem durch acht Jahre intensiver Arbeit in marinen Laboratorien, wo die Begegnung mit Forschern aus aller Welt Einblick in die erregenden Experimente der Entwicklungsphysiologie und der Genetik vermittelt hatten. Anregung von ganz besonderem Rang hatte mir das »Laboratoire Arago« in Banyuls-sur-mer geboten. Dort durfte ich mit Octave Dubosq arbeiten, den man außerhalb der speziellen Zellenforschung wenig kannte, weil er in aller Stille, ohne jeden Geltungsdrang sein Lebenswerk tat, das vor allem den Lebenszyklen einzelliger Tiere galt. Die Gewissenhaftigkeit der Ausführung, die Beobachtung, die kritische Beurteilung, aber auch die Bescheidenheit und die Selbstverständlichkeit der gegenseitigen Hilfe – das wurde uns damals im Laboratoire Arago vorbildlich vorgelebt.

II
DIE STÜRMISCHE ENTWICKLUNG DER BIOLOGIE

1918 – der Militärdienst an der Grenze war zu Ende – das Studium kam endlich zu seinem Recht. Das Beobachten der Libellen hatte begonnen. Wie sie aus der Larvenhülle schlüpfen, wurde verfolgt – aber ebenso das Verlassen der engen Eihülle. Und da ich als Assistent nebenbei die Stabheuschrecken unseres Instituts zu pflegen hatte, so verfolgte ich auch hier den Schlüpfakt, die Dynamik und Akrobatik dieser ersten umfassenderen Aktion eines Insektenlebens. Da war die »Micropyle«, der Ort, der bei der Besamung des Eies eine Rolle spielt, aber da war auch der Deckel, eine vorgebildete Zone geringeren Widerstandes für den schlüpfbereiten Keim.

Das Verlassen geschlossener Eier ist ein spannendes Kapitel der Zoologie. Wohl kannte man lange schon den Eizahn des schlüpfenden Kükens; doch eine andere Lösung dieser ersten Aufgabe des jungen Lebens begann eben damals die Biologen zu beschäftigen: der chemische Weg zur Befreiung aus der Eihülle, besondere Schlüpfdrüsen, die es dem Embryo ermöglichen, die Eihülle soweit aufzulösen, daß geringe Bewegungen des Keims das dünne letzte Hemmnis sprengen können. Ich habe sie bei Fischen beobachtet, noch später und eingehender am Keim der Tintenfische.

Schwer zu sagen, was alles an Anregungen vom frühen Studium des Schlüpfakts ausgegangen ist. Da ist doch das Zusammenwirken von Einrichtungen des werdenden Keims mit andern, die der Mutterkörper bei Entlassen der Eizelle dem umhüllenden Ei mitgibt. Der Embryo selbst baut die mechanischen oder chemischen Hilfsmittel zum Schlüpfen auf; der mütterliche Körper liefert Eihüllen, deren Struktur genau auf die Einrichtungen des Keims abgestimmt sind. Ist nicht in diesem Zusammenspiel, das sich im Laufe langer erdgeschichtlicher Zeiträume herausgebildet hat, das Evolutionsproblem mit allen seinen Rätseln vor uns?

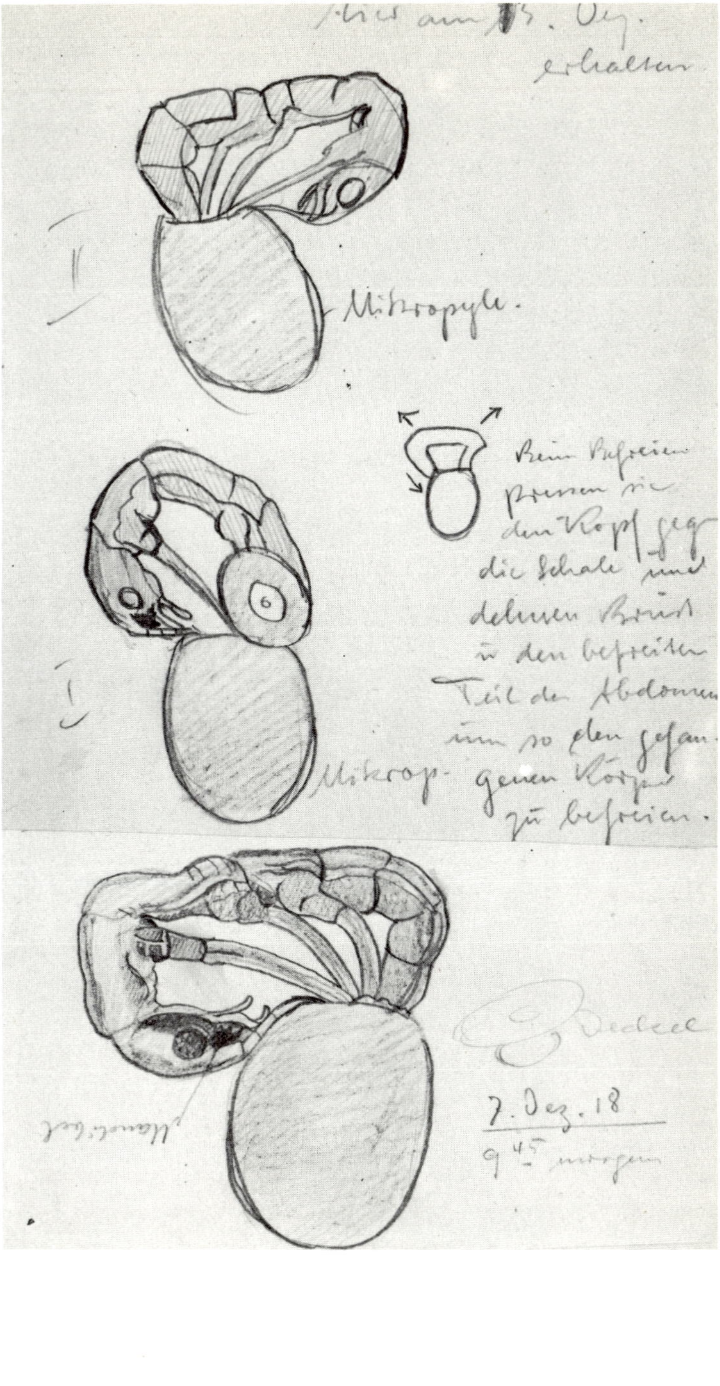

erhalten
Mikropyle.
Beim Befreien pressen sie den Kopf gegen die Schale und dehnen Brust u. den befreiten Teil des Abdomen um so den gefangenen Körper zu befreien.
Mikrop-
7. Dez. 18
9 45 morgen

Eine stürmische Entwicklung der Biologie hat sich vollzogen, seit ich im kleinen alten Hörsaal am Rhein um 1928 meine Vorstellungen von einer »Allgemeinen Zoologie« zum ersten Mal entwickelte – immer mit dem Fernziel der Erweiterung zu einer allgemeinen Biologie. Jahr für Jahr hat sich in jenem überfüllten, dunklen Raum in immer neuem Anlauf die Auseinandersetzung abgespielt zwischen den übernommenen Ergebnissen der Forschung und der eigenen Besinnung auf die Aufgabe dieser rasch sich entfaltenden Wissenschaft.

Mein Lehrer Friedrich Zschokke hatte in der heroischen Kampfzeit des frühen Darwinismus seit 1883 als Dozent, seit 1893 als Leiter des Instituts die Neugestaltung des Unterrichts durchgeführt. Seinem Wesen gemäß nahm er die Entwicklungslehre nach ihrem ersten großen Sieg in einer durchaus statischen Form auf. Die Tatsache, daß sich die Organismen im Laufe der Erdgeschichte auseinander entwickelt und zu ständig neuer Mannigfaltigkeit geformt hatten, stand als allgemeine Grundlage seiner Darstellung fest. Gegenüber den Theorien aber, welche die wirkenden Kräfte ermitteln wollten, blieb er skeptisch. Ihn trieb nicht das Ursachenproblem an, die Dynamik der Evolution, das, was wir heute zuweilen das Faktorenproblem nennen. Sein Drang zu anschaulicher Gestaltung galt der Fülle der Gestalten um uns und der inneren Einheit dieser Mannigfaltigkeit – einer Einheit, für die Darwin eine neue überzeugende Deutung gegeben hatte. Dieser Reichtum der Formen war in ihm lebendig; ihn zu zeigen, das erschien ihm als Aufgabe des Lehrers.

Seine großartige, ja in mancher Hinsicht für jene Zeit einzigartige Darstellung gab uns Jüngeren manchen Anlaß zu Kritik und Auflehnung. Da hatten doch beispielsweise um das Jahr 1900 Hugo de Vries, C. Correns und E. Tschermak an ganz verschiedenen Orten die Vererbungsgesetze wieder entdeckt, die zwar schon Gregor Mendel 1865 dargelegt hatte, die dann aber in Vergessenheit geraten waren. Diese Entdeckung wies zunächst auf ein konservatives Element in der Fortpflanzung der Organismen hin: Sie zeigte, wie es dazu kommt, daß Kinder ihren Eltern gleichen. Die neue Vererbungstheorie war in ihrer ursprünglichen Fassung zunächst gar nicht ohne weiteres eine Stütze des Darwinismus, sondern schuf ein recht gutes Fundament für eine Lehre von der Artkonstanz, wie sie die Biologie vor Darwin angenommen hatte. Es gab daher in der Zeit nach der Wiederentdeckung der Mendelschen Regeln Perioden, da manche Anhänger dieses konservativen Aspekts in der neuen Vererbungslehre eine Widerlegung von Darwins Idee der allmählichen Verwandlung der Lebewesen sahen. Man sprach sogar zuweilen vom Sterbebett des Darwinismus!

Als wir studierten, wurde aber bereits ein ganz neues Element, das nicht im Rahmen der ursprünglichen Mendelschen Gesetze enthalten war, diskutiert: Merkwürdige, plötzliche Variationen, in den Ei- und Samenzellen verborgen, die bewirken, daß die Nachkommen von den Eltern abweichen, die also Neues entstehen lassen, das sich seinerseits weiter vererbt. Was dabei entstand, konnte das eine Mal sehr auffällig, in anderen Fällen sehr bescheiden aussehen – doch es war neu und vererbte sich. Damit bekam die Entwicklungslehre eine gesicherte Grundlage, nach der Darwin selber noch vergeblich gesucht hatte. Die ersten dieser »Mutationen« wurden um das Jahr 1907 entdeckt. Später, während ich im Ersten Weltkrieg an der Schweizer Grenze meinen Militärdienst leistete, entwickelte sich daraus eine Theorie, die bald als »Chromosomentheorie der Vererbung« das Feld der Diskussion beherrschte. Sie zeigte, daß die erblichen Änderungen sich an bestimmten Stellen der Chromosomen im Zellkern abspielen, und brachte ganz neue Vorstellungen über die Umwandlung der so fest im Erbgut verankerten Organismen. Darwins Evolutionslehre wurde damals zu einer neuen umfassenden Theorie umgeformt, die heute weitgehend als Grundlage der biologischen Arbeit gilt. Sie wird wohl am besten als »Neodarwinismus« bezeichnet. Man hat zuweilen das Wort »Darwinismus« ausschalten wollen, weil es an heftige Geisteskämpfe des 19. Jahrhunderts erinnert, die heute Vergangenheit sind. Aber der Name des außerordentlichen Forschers, dessen Geist die erste große Synthese gestaltet hat, sollte doch in der Erinnerung bewahrt bleiben. Bleiben wir also beim Wort Neodarwinismus.

Die Ausformung dieser Lehre vollzog sich zwischen 1920 und 1930 besonders stürmisch. Der geistige Kampf in der Biologie galt in jenen Jahren vor allem dem Durchsetzen dieser neuen Auffassung der Evolution, der langsamen Überwindung von traditionellen Vorstellungen über die Konstanz der Organismen, an die man lange Jahrhunderte geglaubt hatte. Eine Lehre, die wie diese neue Evolutionstheorie die gesamte Schöpfung des Lebendigen in ihren Ursachen erklärte, die das Wunder der lebendigen Vielfalt als vom Verstand erhellt darstellte, eine solche Lehre mußte in einen spannungsreichen Gegensatz kommen zu überlieferten Ansichten über die Entstehung der lebendigen Gestalten. Dabei war es gleichgültig, ob man sich diese reiche Wirklichkeit nach der Vorstellungswelt der frühen abendländischen Philosophie als die geheimnisvolle Realisierung einer jenseitigen, verborgenen geistigen Welt dachte oder ob man im biblischen Geiste an das Werk eines Schöpfergottes glaubte. Die Auseinandersetzung zwischen den christlichen Kirchen und dem aufsteigenden Sozialismus, dem die neue Lehre als ein Instrument im Kampf gegen die herrschende Religion diente, war nur ein, wenn auch ein besonders heftiges Geschehen in diesem Ringen um ein Verstehen der Welt, in der wir leben.

Im Kampf um die Evolutionstheorien

Die neuen Tatsachen brachten viel unscheinbarere Kämpfe, die im Alltag unserer wissenschaftlichen Arbeit auszutragen waren. Lebhaft erinnere ich mich daran, wie sich unser verehrter Lehrer gegen die Übernahme der Mendelschen Forschungen in seinem Unterricht sträubte, wie sehr es ihm mißfiel, daß wir Jüngeren uns heimlich mit diesen Lehren auseinandersetzten. Noch denke ich an den Morgen, als ein bedeutender tschechischer Zoologe, Professor B. Hatschek aus Prag, bei uns zu Besuch war. Zschokke stellte ihm seine Assistenten vor und kam bei diesem Gang durch das Institut auch zu meinem Arbeitstisch: »Hier ist Dr. Portmann, der ›mendelt‹ zur Zeit.« Das war mit einem Unterton gesagt, der mich in den Augen

des Gastes sehr scharf kennzeichnen mußte als einen Rebellen gegenüber der wohlbegründeten klassischen Zoologie!
Derartige Spannungen trübten im übrigen keineswegs die Freundschaft zu unserem Lehrer, den wir alle in seiner Haltung zu uns Studenten wie auch seiner einzigartigen Darbietung des Stoffes wegen liebten. Doch hatten wir Neues zu vertreten, Arbeitsweisen und Ansichten zu verteidigen, die in seiner Welt keinen Platz mehr fanden. Wir suchten unseren Weg: Im Alltag waren wir Assistenten in einem Unterrichtsfelde, das nach den Regeln der idealistischen Morphologie des 19. Jahrhunderts bebaut wurde, leicht gewandelt durch den Sieg der Darwinschen Lehre – in den Diskussionen in unserem intimeren Kreise aber stand eine ganz neue Welt der Biologie vor uns.
In jener Zeit begann auch mein Suchen nach einem tieferen Einblick in das Werden der Evolutionstheorie, das unter anderem zu eingehenderen Studien über die Entstehung unserer Vorstellungen vom Alter der Erde und des Lebens und zugleich auch über die mit diesem geistigen Ringen verbundene Wandlung der biologischen Theorien führte. Diese Nachforschungen waren heilsam für mich. Sie zeigten mir Schwierigkeiten jeder Evolutionstheorie und begründeten eine Zurückhaltung, die mir oft als Gegnerschaft zur Abstammungslehre ausgelegt worden ist, die mir aber ganz einfach eine wirksame Mahnung an das Zeitbedingte aller unserer Theorien war.
Die Suche führte weit zurück zu den Kämpfen um die Schätzung des Erdalters aufgrund der Bibel, als man im 18. und 19. Jahrhundert noch streiten konnte, welche der errechneten Zeiten von 3000 bis etwa 6000 Jahren gelten solle. Der Naturforscher Buffon wagte in seiner vielgelesenen Naturgeschichte schon um 1750 ein Erdalter von 75 000 Jahren zu errechnen; Kant sprach gar ohne Zögern von Millionen Jahren, was im übrigen aber die Forschung von damals noch nicht sehr beeinflußte. Der einsame, verkannte Lamarck ahnte die langen Zeiträume der Entwicklung des Lebens.
Darwin hatte sich natürlich mit dieser Frage auseinanderzusetzen.

Er ging aus von den Forschungen des englischen Geologen Charles Lyell, der für die Zeit der Ablagerung von geschichteten Gesteinen (vom sogenannten Kambrium bis zur Gegenwart) 230 Millionen Jahre eingesetzt hatte. Mit Lyells Werk ausgerüstet, unternahm Darwin 1831–1837 seine berühmte Reise auf dem Vermessungsschiff Beagle, und er dachte von 1838 an auch seine erste Deutung des Evolutionsphänomens in diesen Zeitraum hinein. Doch ein Vierteljahrhundert später, bald nach dem großen Erfolg des »Ursprungs der Arten« – das Buch war 1859 ein Bestseller –, nahmen maßgebende Physiker eine kritische Haltung zu den Zahlen von Lyell ein und reduzierten die Zahl von 230 Millionen Jahren zunächst auf 100, dann aber zuweilen auf 20 und weniger Millionen Jahre.

Darwin war von dieser Wandlung tief betroffen, schrumpften doch damit die Zeiträume, die ihm nötig erschienen für die allmähliche Auslese kleinster Varianten, durch die neue Formen entstehen konnten. So begann er sich nun für große Varianten als Material der Evolution zu interessieren – dafür etwa, daß aus gehörnten Ziegen und Rindern mit einem Schlag hornlose Rassen entstehen können –, während er in seinem ursprünglichen Denken eher geneigt gewesen wäre, eine allmähliche Verkleinerung der Hörner anzunehmen. Die Tier- und Pflanzenzüchter kannten viele derartige sprunghafte Veränderungen, die zu neuen Rassen führen können.

Begegnung mit den Nachtkerzen

Die neuen Vorstellungen über Erdzeiten führten schließlich zu einer Aufwertung der Rolle, die man diesen Großmutanten für die Evolution der Organismen zuschrieb.

In meiner Studienzeit kam eine Pflanze zur Geltung, welche durch die abendliche Schönheit ihrer gelben Blüten in meiner Kindheit immer eine besondere Bedeutung gehabt hatte: Die Nachtkerzen, die in großer Zahl geblüht hatten auf den weiten Schotterfeldern am Rhein, in einem herrlichen »Ödland«, wo ich als Junge meine frühe kindliche Naturforschung betrieb. Ödland – ich habe das Wort erst viel später kennengelernt, und das abwertende Urteil, das in ihm liegt, hat mich zum Verteidiger dieser wilden Natur gemacht. Ödland, das war doch mein Paradies am Rand der Stadt, und die Unkräuter waren doch mein Reichtum – die Liebe für beides ist zeitlebens gleich mächtig geblieben.

Doch zurück zu den Nachtkerzen. Ich konnte in jenen Kinderzeiten am Rheinufer nicht ahnen, was diese Pflanzen einmal für eine wichtige, wenn auch kurz befristete Rolle in der Biologie spielen sollten. In der Zeit, als man durch große Mutationssprünge die Entstehung der Arten zu erklären suchte, stellte der holländische Botaniker Hugo de Vries eben diese Nachtkerzen, die Gattung Oenothera, in den Mittelpunkt der Beachtung, weil sie ihm eine ganze Reihe großer spontaner erblicher Varianten darzubieten schien. »Die Mutationenlehre« von de Vries schien von 1905 an eine Zeitlang bestimmt, dem Darwinismus eine neue zeitgemäßere Form zu geben.

Aber wieder kam eine Wendung. Die Vererbungsforschung beschäftigte sich sorgfältiger mit den Nachtkerzen und stellte fest, daß ihre Varianten Mischformen eines sehr reichhaltigen Erbgutes sind und durchaus nicht jene stabilen Neubildungen, die man als die Träger der eigentlichen Umformung einer Art auffassen durfte. So verschwanden denn meine hellgelben Nachtkerzen in der Folge aus der Diskussion der Naturforscher, wie auch das Paradies meiner geliebten Schotterfelder von damals verschwunden ist.

Die Erinnerung aber lebt weiter. Auch heute, etwa fünf Jahrzehnte nach diesem kleinen Sturm in der Erbforschung, bringt der Anblick dieser hohen Pflanzen und ihr heller Schein in der Abenddämmerung das Vergangene wieder mit aller Macht herauf. Lebhaft mußte ich an die Rolle der Nachtkerzen im Auf und Ab der biologischen Meinungen zurückdenken, als ich viele Jahre später auf einer wundervollen Kanufahrt mit einem guten Freund in der Gegend von Arles mein Zelt aufschlug, auf einer Sandbank der Rhone inmitten einer Wildnis dieser gelben Dämmerungsblumen.

Ausleseprozeß im Kreuzfeuer

Die Erbforschung und die von ihr mitbestimmten Theorien über die Umwandlung der lebendigen Formen hatten sich umgestellt auf kürzere Erdzeiten – da entstand mit der Atomspaltung eine neue Physik und bescherte den Biologen wie ein gütiger Weihnachtsmann gegen Ende der zwanziger Jahre etwa 500 Millionen Jahre für die genau gleiche Periode, die eben noch so radikal verkürzt worden war. Nun hatte man seit 1907 die neuen erblichen Mutationen, man hatte das Doppelte der Zeitspanne zur Verfügung, die seinerzeit für Darwin Ausgangspunkt seiner Zeitrechnung gewesen war! Das trug mächtig dazu bei, daß sich im nächsten Jahrzehnt die neodarwinistische Idee der Wirksamkeit kleinster Mutationen für die Umwandlung von Tier- und Pflanzenarten weitgehend durchsetzte.

Die Theorie des Neodarwinismus hat eine besonders wichtige Begründung in der Erforschung der Chromosomen des Zellkerns als dem auffälligen Träger von Erbsubstanz gefunden. Ich betone: dem auffälligsten; denn über die Mitwirkung des Zellplasmas wissen wir noch immer unvergleichlich weniger. Seit 1888 hatten die Chromosomen auf eine tiefere Durchleuchtung gewartet. Sie kam mit der Entdeckung der Doppelhelix durch M. Wilkins, J. Watson und F. H. C. Crick am Anfang der fünfziger Jahre. Seither bilden Mikrobiologie, Bakteriologie und Zellenlehre ein mächtig anziehendes Zentrum der Biologie; die einfachsten Lebensformen, Viren, Bakterien oder Einzeller werden immer bedeutsamere Helfer des Vormarsches ins Unsichtbare. Den Methoden der Physik und Chemie, den Hilfsmitteln der Mathematik kommt dabei eine immer bedeutsamere Rolle zu.

Wer an dieser Front der Biologie arbeitet, blendet beträchtliche Gebiete des Lebensreichtums aus. Es besteht die Gefahr, daß aus den bedeutenden Einblicken in die Möglichkeiten der Evolution, die wir der Erforschung der eben erwähnten Organismen verdanken, allzu bereitwillig eine Erklärung der gesamten Evolution versucht wird. Die neue Verhaltensforschung wirkt dabei mit, weil sie bedeutsame

Faktoren erforscht, die an der Evolution der höheren Lebensformen beteiligt sind. Wir müssen versuchen, diesen Komplex von wichtigen Tatsachen und fragwürdigen Erklärungsversuchen zu durchschauen.

Es geht zunächst um das tiefere Verständnis des Begriffs der Auslese, der Selektion und ihrer Wirkung.

Der »Kampf ums Dasein«, der von der Evolutionstheorie hervorgehoben worden ist, wurde vor Zeiten recht oft als ein brutales Kräftespiel aufgefaßt, obschon Darwin selber immer wieder betont hatte, daß das Wort »Daseinskampf« ein Bild, ein Sammelwort für sehr vielerlei sei, was mit Kampf, wie wir ihn gewöhnlich verstehen, nichts zu tun habe. Allmählich setzten sich denn auch Vorstellungen von einem subtileren Spiel durch, unter anderem auch die einer Selektion durch Sinnesorgane, etwa durch ein Geruchsorgan, vor allem aber durch anschauende Augen oder Hörorgane. So glaubte man in den Insekten die Züchter zu erkennen, die durch beharrliche Selektion über Jahrmillionen aus unscheinbaren Blüten schließlich die leuchtenden Farben und den Formenreichtum der heutigen Blumen erzeugen halfen. Auch die Augen der Vögel galten nun als wichtige Faktoren, durch die sich, etwa durch Auslese bei der Partnerwahl, allmählich das Farbenspiel der Vogelwelt entwickelt habe.

Die Sprache macht es uns leicht, diese Ansichten so überzeugend zu formulieren, daß man oft meinen könnte, die Forscher seien in den paar hundert Millionen Jahren mit dabei gewesen, als blütenbesuchende Bienen und Falter die Blütenpflanzen zu ihrer heutigen Pracht entwickelten. Ungezählte Generationen von Insekten haben ausgelesen. Schritt für Schritt ist so das Erstaunliche geworden, das Ungünstigere ausgemerzt, das Vorteilhafte bewahrt und gesteigert worden. Die Worte liegen bereit, die Phantasie des Lesers geht mit, das Bedürfnis, die Natur zu durchschauen, trägt bei zu der Überzeugung, man habe dieses Spiel der steten Auslese durch anschauende Augen verstanden.

In Wirklichkeit stehen wir wohl vor einer Überfülle neuer Einblicke in das Leben der Blumenbesucher und das der Blüten; und es ist

notwendig, zu erkennen, daß wir von einer wahren Einsicht in den Evolutionsprozeß noch immer weit entfernt sind.
Noch wissen wir nicht, was die zur Zeit bekannten Faktoren dieses Lebensdramas der Entstehung von Blumen und Blumengästen wirklich erklären können. Wir stehen an einer weit offenen Grenzzone der Forschung, an der unser Blick hinausgehen muß in den Wirkungsbereich noch unbekannter Möglichkeiten der organischen Gestaltung.

Die Farbenpracht der Gefiederten

Die Fragen, auf die wir eben gestoßen sind, gehen mich sehr direkt an. Sie haben in meinen Arbeiten eine beachtliche Rolle gespielt und mir bis auf den heutigen Tag Sorgen bereitet, die übrigens Charles Darwin bereits plagten. Es ging dabei nicht so sehr um Insekten und Blumen, sondern um die Vögel, mußte doch auch die Farbenpracht der Gefiederten auf ähnliche Weise erklärt werden wie die Gestaltenfülle der Blumen. Darwin bemühte sich lange und intensiv, gewisse besonders auffällige Muster von Vögeln zu erklären, und eben diese Federmuster haben auch mich und meine Mitarbeiter jahrelang beschäftigt. Es erschien Darwin doch merkwürdig, daß ein Vogel so subtiles Anschauen praktizieren sollte, daß die Weibchen durch stete Auslese allmählich die schöneren, die optisch wirksameren Muster der Federn herauszuzüchten vermöchten. Er stellte am Schluß dann resignierend fest, er begreife zwar die Forscher, welche seine Vorstellung von der Auslese durch das anschauende Auge ablehnten, er sehe aber keine andere Lösung als eben diese Selektion.
Wir haben Zeugnisse vom inneren Kampf, den die Probleme der Vogelfelder in einem Forscher von der Redlichkeit und Größe Darwins auslösen. An seinen botanischen Freund in Amerika, Asa Grey, schrieb er (am 3. April 1860) im Hinblick auf das herrliche Pfauenrad mit seinen schillernden Augen: »Ich erinnere mich sehr gut der Zeit, da schon der Gedanke an ein solches Auge mich über und über erschauern ließ. Aber ich habe mich über dieses Kummer-

stadium hinausentwickelt. Heute sind es eher kleine, aber irritierende Eigenschaften der Struktur, die mich trotzdem beunruhigen. Allein schon die Sicht einer Pfauenfeder, wo ich auch auf sie stoße und auf sie hinschaue, macht mich krank.« Das schrieb Darwin also etwa ein Jahr nach der Publikation seines großen Hauptwerkes. Seit etwa 40 Jahren sind in unserem Basler Institut diese »eher kleinen, aber irritierenden Eigenschaften der Struktur«, mit Gestalt und Farbe der Vogelfeder, ein wichtiges Objekt unserer Arbeit. Dunenkleid und Schillerfedern, Jugend- und Alterskleid, die Schmuckfeder der Mandarinenente und vieles andere ist untersucht worden. Vor allem aber sind drei umfassende Studien über das Pfauenrad und zwei über die Prachtfedern des männlichen Argusfasans in Basel entstanden. Sie haben viele neue Aufschlüsse gebracht, aber das Rätsel haben sie nicht gelöst. Im Gegenteil: Es ist immer unwahrscheinlicher geworden, daß der Selektionsvorgang, von dem Darwin ausging, ein entscheidender Faktor beim Formwerden, bei der Entstehung dieser seltsamen, wunderbaren Gebilde gewesen ist. Wir haben uns konzentriert auf das Geschehen im Federkeim, der das strahlende Pfauenauge oder die Kette der Augenflecke auf den Flügelfedern beim Argushahn hervorbringt. Das Studium des Entstehens der konzentrischen Schillerbildungen beim Pfau oder der Erzeugung des Federmusters beim Argusfasan – beides weist auf komplizierte Strukturänderungen in der frühen Anlage des Federkeims hin, durch welche so komplexe optische Wirkungen erreicht werden. Eine Mitwirkung der anschauenden Vogelaugen ist wohl für die Erhaltung der bereits entwickelten Struktur möglich, an den verborgenen Anlässen, die im Keim zu diesem Ergebnis führen, haben diese Augen aber keinen Anteil. Die Wirkung der fertigen Struktur auf die Henne hat diese Erscheinung »zum Anschauen« nicht geschaffen.

Gegen die Simplifikateure

Wer in das Gefüge der Faktoren eindringt, welche in erstaunlicher Konsequenz diese optischen Werke durch ihr Zusammenspiel schaffen, der kann die großzügigen Erklärungen nicht einfach hinnehmen, die ich nach vier Jahrzehnten vertiefter Analyse heute lesen muß. So lauten sie in einer Darstellung von 1963: »Die Argushenne reagiert auf die großen, mit wunderschönen Augenflecken gezierten Armschwingen des Hahnes, der in der Balz vor den Augen der Umworbenen spreizt. Sie sind so riesig, daß der Hahn kaum mehr fliegen kann, und je größer sie sind, desto stärker wird die Henne erregt. Die Zahl der Nachkommen, die ein Hahn in einer gewissen Zeiteinheit erzeugt, steht im geraden Verhältnis zur Länge jener Federn. Selbst wenn ihm deren extreme Ausbildung in anderer Hinsicht zum Nachteil gereicht, wenn er beispielsweise viel früher von einem Raubtier gefressen wird als ein Rivale mit weniger verrückter Übertreibung des Balzorgans, wird er doch ebensoviel oder mehr Nachkommenschaft hinterlassen als jener, und so erhält sich die Anlage zu gewaltigen Armschwingen völlig entgegen den Interessen der Arterhaltung. Es wäre genauso gut denkbar, daß dic Argushenne auf einen kleinen roten Fleck auf den Armschwingen des Männchens reagierte, der beim Zusammenfalten der Flügel verschwände und der der Flugfähigkeit noch der Schutzfärbigkeit des Vogels Eintrag täte. Aber die Evolution des Argusfasans hat sich nun einmal in die Sackgasse verrannt, die darin besteht, daß die Männer in bezug auf möglichst große Armschwingen miteinander konkurrieren, mit anderen Worten, die Tiere dieser Art werden niemals die vernünftige Lösung finden und ›beschließen‹, diesen Unsinn hinfort sein zu lassen.«

Diese temperamentvolle Schilderung wird sicher viele Leser ansprechen, die glücklich sind, so ein großartiges Schauspiel der Natur endlich in seiner Entstehung zu erfassen. Das vorangegangene Zitat wird denn auch abschließend noch entscheidend durch ein Scherzwort des großen Berliner Ornithologen Oskar Heinroth kommentiert: »Neben den Schwingen des Argusfasans ist das Arbeitstempo des westlichen Zivilisationsmenschen das dümmste Produkt intraspezifischer Selektion.«

Ich will nicht in den Wald ungelöster Probleme eindringen, in den der Argusfasan den Biologen hineinführt. Aber wir müssen doch wenigstens zur Kenntnis nehmen, auf welch unsicherem Boden die eben zitierte Darstellung aufbaut. Niemand weiß, ob die Erregung der Henne wirklich von der Größe der Augenflecke bestimmt wird; auch das behauptete Verhältnis der Nachkommenzahl zur Federlänge ist völlig unbekannt. Es wäre sachlicher, zu gestehen, daß wir über die Entstehung des Musters eines Argusfasans nichts wissen. Ich hätte das Zitat gar nicht erwähnt, wenn es nicht von Konrad Lorenz stammte, dessen faktische Beiträge zur Verhaltensforschung ich sehr hoch schätze. Die Darstellung von Lorenz in seinem Werk über »das sogenannte Böse« ist sehr wirksam. Sie bezeugt aber, wie leichtfertig gesichertes Wissen über Selektion, das durch Experimente an anderen Orgnismen belegt ist, zur Durchleuchtung von spektakulären Erscheinungen eingesetzt wird, die weder durch Beobachtung noch durch Experimente abgeklärt sind und deren Komplexität völlig verkannt wird.

Ich gehe hier ausführlicher auf die Probleme ein, welche diese ästhetisch so wirksamen Gebilde dem Biologen aufgeben, weil mich Jahre intensiver morphologischer Arbeit überzeugt haben, daß die Evolution der Organismen gar oft zu einfach gesehen wird, daß Lösungen angeboten werden, wo wir in Wirklichkeit nur Bruchstücke von Wissen erfassen, während das Ganze uns verborgen ist – »noch« oder »für immer« verborgen, wer will das sagen?

Ich bin im Umgang mit den von mir gewählten Objekten des Forschens sehr skeptisch geworden gegenüber der Überzeugung, es habe der Neodarwinismus das Problem der Evolution im wesentlichen gelöst. Deshalb unterscheide ich zwei Stufen der Evolutionstheorie: Eine »Allgemeine Evolutionslehre«, welche die großen Linien der Entwicklung des irdischen Lebens in Zeit und Raum klarzustellen sucht. Dazu gesellt sich, was ich »Faktorentheorie«

nennen möchte: Spezielle Vorstellungen über bestimmte wirkende Faktoren, die den unbestrittenen Tatbestand »Evolution« hervorbringen. Meine eigene Arbeit sucht Probleme im Raum der allgemeinen Theorie zu klären; die Wahl meiner Forschungsobjekte ist daher für Entscheidungen auf der Ebene der Faktorentheorie ungeeignet. Es werden neue Generationen junger Forscher zum Zug kommen; neue Versuche der Erklärung wagen, und dann ihrerseits Probleme weitergeben!

III
LEBENSFORSCHUNG – HEUTE

Das Studium der Libellen hat mir die erste Vertiefung in das Leben einer besonderen Tierform gebracht. Die Wahl dieser Gruppe entsprang nicht etwa einer Vorliebe, einem besonderen Interesse an diesen schönen Wasserjungfern. »Die Libellen der Umgebung von Basel«, das wurde mir als Aufgabe für eine Dissertation vorgeschlagen. In den Plänen meines Lehrers sollte dieser Auftrag eine Lücke in der gründlichen Erforschung der Fauna unserer Heimat sein – für mich wurde der Umgang mit dieser mir fremden Tiergruppe zu einer ungeahnten Freudenquelle, die nicht mehr versiegt ist.
Die Skizze aus den Juni-/Juliwochen 1920 galt den damals noch unbekannten frühesten Larvenstadien einer besonders schönen großen Libelle. Das eingehende Studium dieser Frühphase führte mich zur Einsicht, daß die kleinen Larven mit jeder Häutung nicht nur wachsen, sondern auch ihre Tracht in gesetzmäßiger Folge ändern. Damals ging es zunächst nur darum, die einzelnen Larvenstufen in ihrer Eigenart schärfer zu erfassen. Doch ist dieses verschiedene Aussehen ja auch ein sichtbarer Ausdruck von heimlichen Änderungen im werdenden Insekt.
Die Erscheinung als Zeuge von Verborgenem, als Auswirkung einer schwer faßbaren Innerlichkeit! Die Prüfung der frühen Stadien dieser Libellenlarven legte den Grund zu einer Thematik, die in späteren Jahren meine Arbeit immer stärker mitbestimmt hat.

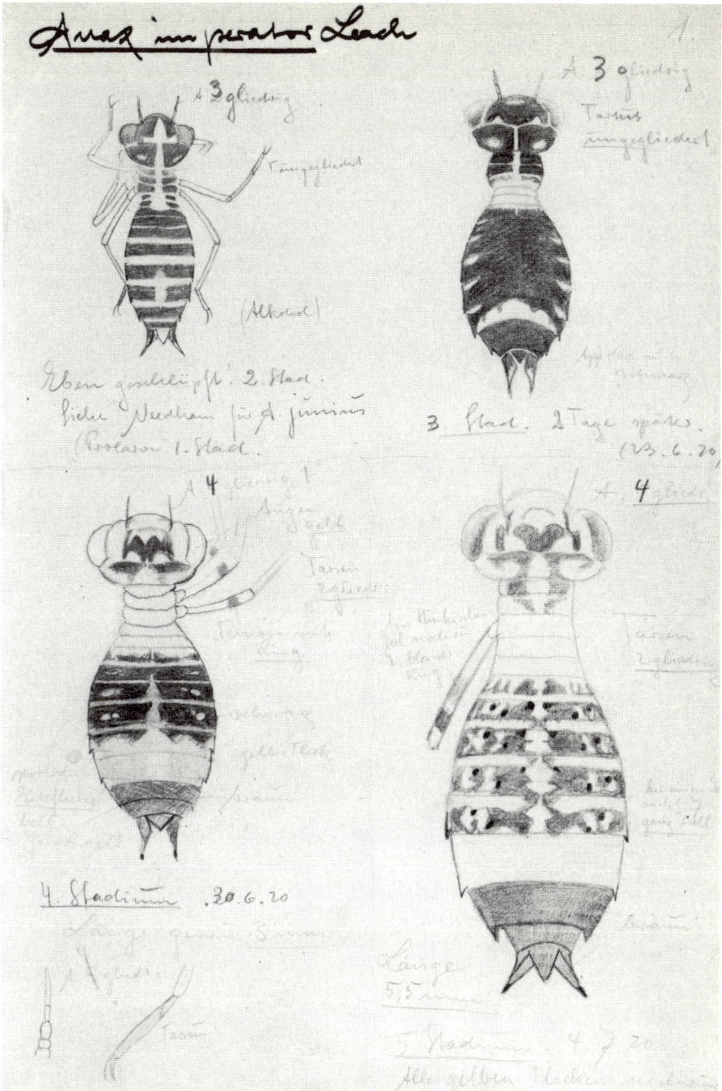
Anax imperator Leach
1.
A 3 gliedrig
A 3 gliedrig
Tarsus ungegliedert
(Alkohol)
Eben geschlüpft. 2. Stad.
siehe Needham für A. junius
(Prolarve 1. Stad.
3. Stad. 2 Tage später.
(23. 6. 20
A 4 gliedrig
A 4
Tarsen 2gliedr.
4. Stadium .30. 6. 20
Länge
5,5 mm
5. Stadium. 4. 7. 20
Alle gelben Flecken

»Biologie« – ein Zauberwort in unseren Tagen. Seit geraumer Zeit schon düngt man biologisch und preist biologisch-dynamisch gezogenes Gemüse an. Es gäbe eine lange Liste, wollte ich alle die Produkte der Kosmetik und des Haushalts aufzählen, die mit diesem Beiwort angepriesen werden, alle die Nährmittel, denen man eine besondere biologisch kontrollierte Herkunft zuschreibt. Das alles gab es nicht, als ich mich in meinem wissenschaftlichen Arbeitsfeld umzusehen begann. Es gab Botanik und Zoologie, beide an der Hochschule ursprünglich im Dienste der Medizin großgeworden, der Heilpflanzen wegen die Botanik recht früh, die Tierkunde viel später.

Der erste Basler Zoologe im Amt war der Berner Ludwig Rütimeyer. 1855 ernannt zum Professor für vergleichende Anatomie im Lehrbereich der medizinischen Fakultät, mit einem Spezialauftrag für zoologische Vorlesungen. Er verwaltete sein Amt magistral und brachte es zu weiter Beachtung. – Es bedeutete damals etwas, daß Darwin in den frühen Kampfjahren um seine Evolutionstheorie einem Freund schrieb: »Rütimeyer ist mit uns!«

Der Ruf Rütimeyers bewirkte, daß 1893 schließlich eine besondere Zoologische Anstalt im alten Universitätsgebäude am Rhein gegründet wurde. Erst später wurde aber die Zoologie als Fach der Philosophischen Fakultät eingegliedert, welche damals noch als eine große Einheit die Philosophie und alle Geisteswissenschaften, aber auch Physik, Chemie und Mathematik umfaßte. Die starke Bindung an die Medizin bestand aber für die Zoologen weiter. Auch als ich 1928 die Vorlesungen über Zoologie übernahm, war traditionsgemäß noch immer das viel längere Wintersemester der medizinisch ausgerichteten Hauptaufgabe zugeordnet, der vergleichenden Anatomie. Heute steht dieses alte Fachgebiet der Lebensforschung im Schatten mächtiger neuer Bereiche und muß überall um seine Geltung kämpfen.

Wohl gab es das Wort »Biologie« schon lange. Aber was meinte man damit? Es bezeichnete lediglich einen Anhang der Morphologie und der Physiologie, es bezog sich auf die Lebensweise. »Biologisch«

war das Gebaren einer Tierart, ihre Brutpflege, ihr Nestbau, auch ihr Vorkommen, ihre geographische Verbreitung, das Leben der Parasiten, das Zusammenwirken von Pflanze und Tier etwa im Bestäubungsakt. Ich habe ja schon erwähnt, daß ich in meinem Erstling, der Arbeit über Libellen, dieser älteren eingeengten Bedeutung von »Biologie« meinen Tribut entrichtete, indem ich »biologische Systematik« schrieb, wo Keime einer Verhaltensstudie gemeint waren.
In jener Frühzeit hatte Zoologie ihr Zentrum in der Formenkunde, der Morphologie, die denn auch das zentrale Thema der damaligen Einführung für Studenten war. Wer heute die Fülle der biologischen Bücher und die Arbeitsgebiete in der Praxis überblickt, wer etwa das Vorlesungsverzeichnis einer Hochschule im biologischen Sektor überfliegt, der wird feststellen, wie klar die Akzente auf Physiologie, auch auf Entwicklungsphysiologie liegen, auf Biochemie und Biophysik, auf Molekularbiologie sowie Mikrobiologie und Genetik. Wie weit sind wir weg von der Welt der Gestalten, dem ursprünglichen Objekt der zoologischen wie der botanischen Morphologie.
Um die heutige Situation der Lebensforschung zu erfassen, will ich zu einem gewagten Vergleich greifen. Das reiche Spiel des Lebens erscheint mir wie ein großartiges fremdes Schauspiel, das vor uns aufgeführt wird. Will ich dieses Theater des Lebens ganz gründlich kennen, dann muß das von zwei verschiedenen Standorten aus geschehen: Ich muß vor der Bühne als Beschauer verweilen und versuchen, den Sinn des Geschehens zu erfassen, das sich vor mir abspielt. Ich muß aber auch hinter der Bühne Bescheid wissen, ich muß doch erfassen, wie man das alles macht. Ich entdecke hinter der Bühne alle die vielen Einrichtungen, die dem Beschauer vor der Bühne eine künstliche Natur oder eine ganz andere Illusion verschaffen.
Wenn man vom heutigen Theater her anders urteilt, wenn manches auf der Bühne dem Beschauer mit Absicht unmittelbar vorgeführt wird, was sich früher verborgen hinter der Bühne abspielen mußte, so ist das eine zeitbedingte Beziehung zum Zuschauer, die jederzeit wieder von anderen Möglichkeiten der Bühnenkunst abgelöst wer-

den kann. So oder so muß ich beim umfassenden Studium des Schauspiels an zwei verschiedene Standorte denken.
Ähnlich geht es uns angesichts des Lebensspiels, das sich vor uns ausbreitet und in dem wir selber Mitspieler sind. Eine sachliche Umschau zeigt aber bald, daß ein wesentlicher Teil der Ergründung dieses Lebensspiels in unserer Zeit Forschung »hinter der Bühne« ist. Zunächst werden die lebendigen Gestalten zergliedert, um sie in ihren einzelnen Organen kennenzulernen; es werden die Funktionen dieser Glieder in Laboratorien mit komplizierten Instrumenten studiert, um letztlich das Zusammenspiel von Gestalt und Leistung im Einzelwesen zu erfassen. Embryonen werden mit feinsten mikroskopischen Methoden untersucht, um die Stadien der Entwicklung dieser verschiedenen Organismen zu erfassen.
Wer die Lebensprozesse praktisch auswerten will, wer zugunsten unserer menschlichen Lebensform und unseres Weiterbestehens das vitale Geschehen so weit wie nur möglich in die Hand bekommen will, der muß dieser Arbeit hinter der Bühne den absoluten Vorrang geben. Von ihr hängt es schließlich ab, daß der Eingriff des Arztes gelingt, daß eine gewaltige Industrie aufgebaut werden kann, die bereits eine Fülle in unser Leben eingreifender Stoffe herstellt. Alles das hat allmählich ein solches Gewicht erlangt, daß man mit guten Gründen in diesem Wirken das eigentliche Zentrum der Lebensforschung sehen kann. Diese Arbeitsweise hat in jüngster Zeit eine weltweite technische Bedeutung gewonnen, Arbeit schaffend für ungezählte Menschen in den großen Zentren der Industrie. Heute blendet uns diese Biotechnik und überstrahlt andere Aspekte der Biologie.
Und doch braucht die Lebensforschung auch den Betrachter vor der Bühne, den Beobachter des ganzen Lebensspiels, für das letztlich die komplizierte und teure Einrichtung »hinter der Bühne« am Werke ist. Wir sind doch wohl der Auffassung, die Stoffwechselorganisation im Tier, in der Pflanze sei da, damit dieser Vogel, dieses Insekt, jene Pflanze bestehen könne! Oder soll man vielleicht denken, die Organismen seien dazu da, damit Stoffwechsel getrieben wird? Mir

scheint, der französische Kunsthistoriker Henri Focillon habe sich mit vollem Recht gegen die Ansicht aufgelehnt, das Lebewesen als einen »sac physiologique«, einen Stoffwechselapparat zu betrachten. Wir freuen uns doch alle an der aufblühenden Verhaltensforschung, welche das Geschehen im freien Leben der Tiere und Pflanzen wieder neu zur Geltung bringt!

Die Sonderheit unserer Welt

Wollen wir ein wenig in dieses neue Arbeitsfeld hineinschauen? Der Verhaltensforscher hat sich vielleicht in den Kopf gesetzt, das kleine heitere Lebensspiel »Insekt und Blüte« zu durchschauen. Er sieht Fliegen, die auf eine blaue Blüte ansprechen. Er beobachtet ihr Verhalten und sucht den Sinn dieses Geschehens zu erfassen. Es ist in diesem Augenblick völlig belanglos, ob das Blau dieser Blüte ein Farbstoff ist, wie ihn der Chemiker im Experiment feststellen kann, oder eine physikalische Erscheinung, wie wir sie im Himmelsblau vor uns haben, ein »Strukturblau«, wie es so strahlend schön in manchen Vogelfedern oder in Schuppen von Schmetterlingen durch das Sonnenlicht erzeugt wird. Für den Verhaltensforscher ist entscheidend, daß da »Farbe«, »Blau« erlebt wird und daß dieser Farbe eine Bedeutung, ein Sinn zukommt in einem Spiel, das sich vor unseren Augen zwischen Blüte und Insekt abwickelt.
Angesichts dieses Sachverhalts hat man mit Recht von »Bedeutungsforschung« gesprochen, um dieses Forschen nach »Gründen« deutlich zu unterscheiden von der »Kausalforschung«, welche das Forschen hinter der Bühne im wesentlichen beherrscht. Ob ein Ton, der im Lebensspiel eine Rolle übernimmt, im Kehlkopf des Menschen erzeugt wird, ob er beim Vogel in der Nähe der Lunge, in der Gabelung der Bronchien entsteht, oder ob er bei einem Insekt durch Bewegung der Flügel mit Hilfe von Schrilleisten am Bein produziert wird – entscheidend ist in allen diesen Fällen der Ton, die Tonfolge, die Melodie und der Sinn dieser Lautgebilde im Leben, in der Begegnung lebender Wesen.

Entscheidend ist das Erleben von Farbe und Ton, nicht das physikalisch oder chemisch Erfaßbare, das Anlaß zu solchem Erleben ist. Das heißt nicht, daß der heutige Verhaltensforscher sich nicht sehr genau über das Geschehen hinter der Bühne orientiert; es ist ihm nicht gleichgültig, wie das Blau der Blüte zustandekommt, es mag ihn interessieren, wer und was den Ton in einem bestimmten Lebensdrama erzeugt hat. Er kann jedoch von all dem absehen; denn sein Problem ist das Zusammenspiel von erlebenden Organismen zu einer lebendigen Handlung.

Verfolgt man die verschiedenen Lebensspiele, dann bringt das Zusammenspiel der Forschung hinter der Bühne mit der Arbeit vor der Bühne bedeutsame Aspekte an den Tag. So haben zum Beispiel die Forscher hinter der Bühne gezeigt, daß unser feuerroter Mohn einer Biene nicht in der gleichen Farbqualität erscheint. Experimente über die Rolle der ultravioletten Strahlen im Leben der Insekten machen es wahrscheinlich, daß die Biene diese Mohnblüte in einer weißlichen Farbe sieht und daß nur die vier großen schwarzen Flecken im Zentrum auch für die Bienen dunkel sein dürften. Durch die Prüfung des Farbensehens der Insekten erfahren wir, daß die grüne Welt, die für uns Menschen gerade durch dieses besondere Farberleben eine so große Bedeutung hat, für die Blumengäste – zumindest für die genauer untersuchten – durch den Einfluß der ultravioletten Strahlung im Farbenbild völlig verändert erscheinen muß. Die Biologen vermuten ein helles Grau, aber ganz sicher sind sie hinsichtlich der Nuance nicht.

So führt uns der Wunsch, das Spiel auf der Lebensbühne tiefer zu erfassen, auf dem Umweg über die Arbeit hinter der Bühne auch zu neuen Einsichten in die Sonderart unserer menschlichen Welt. Vor allem müssen wir einsehen, daß unsere Sinnenwelt nicht jenen unmittelbaren sicheren Orientierungswert für das Erkennen einer Wirklichkeit hat, wie wir es letztlich in der Wissenschaft erstreben. Wenn ich weiß, daß meine Mohnblüte mir wohl rot vorzaubert, daß sie aber für andere Lebewesen nicht rot ist – wie »ist« sie dann? Wenn ich weiß, daß mein beruhigendes Grün von Wald und Feld in der Welt vieler Tiere gar nicht existiert – wie »ist« dann diese uns bekannte Wirklichkeit? Die Erforschung des Lebensspiels führt uns in Tiefen der Weltsicht, die heute vielfach noch nicht in ihrem vollen Ausmaß erkannt sind.

Wie weit stimmt der Zusammenhang von Form und Funktion?

In der ersten Zeit meines Eindringens in die Formenlehre war die Leitidee für jedes Verständnis der lebendigen Gestalten die Überzeugung eines festen Zusammenhanges von Form und Funktion. Die Stromlinienkörper der Fische oder Delphine, die Fluggestalten der Vögel, Windspiele oder Gazellen als extreme Renner, das Winterweiß der Schneehasen, die Blattgestalten vieler Insekten, die Schutz- und Warntrachten aller Art – das gab schließlich eine Sammlung von Formen, die im hellen Lichte der Beachtung standen, wenn es zu zeigen galt, wie wir die Lebewesen zu verstehen haben. Nicht zufällig gilt die besondere Liebe der Schulbücher diesen bevorzugten Gestalten. Sie sind eine Modellsammlung für eine funktionale Morphologie, welche die lebendigen Gestalten durchschaut hat. Das dominierende technische Denken unserer Zeit hat diese Auslese von Privilegierten begünstigt und hat aus den vielen erstaunlichen Leistungen des Lebens auch viel Anregung empfangen. Man war der Natur auf der Spur: Sie arbeitete – so schien es – nach dem Grundsatz, die Form müsse sich aus der Funktion ergeben.

Der bedeutende amerikanische Architekt Louis Sullivan hat diese Formel »Form follows Function« zeitweilig zu einem beherrschenden Grundgesetz der modernen Architektur gemacht. Er wagte es, in seinen Bauten das tragende Stahlgerüst nicht etwa zu verbergen, sondern es im Gegenteil in der Gestaltung des erscheinenden Gebäudes sichtbar wirken zu lassen. Ich glaube nicht, daß es nötig ist, die Bedeutung, das Großartige dieser funktionalen Strukturen in der organischen Welt zu betonen. Leicht lassen sich immer neue überzeugende Beispiele zusammenstellen.

Bei meinen jahrelangen Bemühungen, die lebendigen Gestalten zu verstehen, ging freilich die Rechnung über Form und Funktion gar zu oft nicht auf. Oftmals hatte ich große Lust, den vorhin aufgezählten privilegierten Tiergestalten ein Album des völlig Unverstandenen entgegenzustellen. Die besondere Beachtung der eben als »Privilegierte« bezeichneten Formen führte zu einem Kult der technischen Gestaltung, der zuweilen in groteske Ausschweifungen, in eine eigentliche Blindheit der optischen Wirklichkeit gegenüber mündete. So pries Henry van de Velde, einer der großen Neuerer des Jugendstils, die ersten Flugmaschinen und Automobile ohne Zögern als herrliche Gestaltungen. Er war einerseits erfüllt von der Richtigkeit der Formel, Form ergebe sich aus der Funktion, andererseits war er auch überzeugt, eines der Geheimnisse der Schönheit sei diese innere Übereinstimmung. Er hat diese Frühgestalten der modernen Technik ohne weiteres mit Blumen und Tieren verglichen. Sicher erinnern sich manche unter uns noch an die sonderbaren Gitterkästen, die sich erstmals in die Luft erhoben, oder an Urformen des Automobils, die heute Anlaß zu Heiterkeit sind. Solche Anbetung der technischen Form führt zu lyrischen Ausschweifungen des Rationalismus, in denen Stromlinienformen als so »organisch« gelten, daß sogar unsere Kinderwagen eine Zeitlang in dieser Verkleidung produziert werden mußten.

Wie oft begegnen uns – wenn wir nicht völlig fasziniert sind von den »klassischen« funktionell verstandenen Lebensformen – ganz andere Organismen, in denen das Funktionslose auffällig ist. Die Anhänger eines rationalen Durchschauens der Organismen kennen sie wohl und sprechen dann etwa von »Hypertelie«, vom Über-das-Ziel-Hinausschießen, als sei Funktionieren das einzige Lebensziel. Auch von »Luxurieren« ist oft die Rede. Das ist für den Biologen allerdings ein unbequemer Begriff; denn es wird ja heute niemand mit gutem Gewissen behaupten, daß in unserem Sozialleben der Luxus nicht auch notwendig geworden und ganz und gar nicht funktionslos sei.

Die Einsicht wächst, daß der Zusammenhang zwischen Form und Funktion zwar vorhanden und mächtig ist, weil sonst nichts Lebendiges existieren könnte, daß er aber auch überall von der Wirklichkeit überschritten wird. Immer bleibt noch ein Spielraum offen – wir können nicht sagen: Ein Spielraum der Freiheit, denn wir kennen ja die Hintergründe des natürlichen Geschehens nicht. Aber wir dürfen von einem Spielraum des Offenen sprechen, in dem Varianten auftreten, die das funktionale Denken nicht erklären kann wobei gerade dieses Unverstandene zuweilen das ist, was als Gestaltmuster dem Morphologen spannende neue Fragen stellt. In vielen biologischen Arbeiten treffe ich etwa auf die Feststellung, ein Merkmal habe »nur systematischen« oder »lediglich taxonomischen Wert«, d.h. nur einen Wert für unsere Namengebung, für die Zuordnung im rationalen System. Aber gerade dieses Systematische ist doch vielfach das Charakteristische der Gestalt. Es hat die Biologen dazu gebracht, dem System in den letzten drei oder vier Jahrhunderten eine außerordentliche Aufmerksamkeit und viel Arbeitskraft zuzuwenden. Wir dürfen uns also nicht mit einer solchen abwertenden Einschätzung wie »bloß systematisch« oder »nur taxonomisch« begnügen. Wir dürfen die Fülle der unseren Sinnen erscheinenden lebenden Gestalt nicht zu einer Nebensache machen.

Jenseits der funktionalen Deutung

Die heimliche Auseinandersetzung mit den Gestaltungen der Kunst hat in mir mächtig den Hang gefördert, die ganze Formenfülle der organischen Welt zu beachten und nicht nur bei den funktional verstandenen Gestalten zu verweilen. Die großen Künstler haben mich oft genug auf diese geheimnisvollen Seiten des Lebendigen verwiesen. Der Ausbruch einer dämonischen Welt in die Räume des Verstandes, wie Grünewald ihn in der Versuchung des heiligen Antonius wagt, wie ihn Hieronymus Bosch vor Augen stellt oder Kafka, wenn er die Verwandlung eines Menschen in ein Ungeziefer von Insektenform durchlebt – immer führen uns solche Darstellungen in jene Welt, von der Georges Braque sagt, in der Kunst zähle nur das, was man nicht erklären könne!

Was soll aber diese Gesinnung im Felde der Naturforschung? Bedeutet das nicht einfach Verzicht, verfrühte Resignation vor der eindrucksvollen Macht des Unverstandenen? Oder ist mein Hinweis auf das von der Idee »Form follows Function« nicht Erfaßte einfach die Bezeichnung einer Grenze, wo der Biologe in eine andere Welt hinüberblickt, in welcher die freier gestaltende Kunst das Wort hat und nicht die Forschung? Seit vielen Jahren lebe ich in diesem Grenzbereich und denke nicht daran zu resignieren, wenn es um den Versuch geht, das Erfahrbare vom Organismus auch im Zwielicht der wissenschaftlichen Grenzzone zu erfassen. Ich habe immer und immer wieder auf Erscheinungen hingewiesen, die sich der funktionalen Deutung entziehen und für deren Deutung Begriffe wie »Luxurieren« nur hilflose Verlegenheitslösungen sind.

Wie steht es denn etwa um das funktionale Verstehen der ungezählten Muster von Tieren, ob es nun Falter seien oder Seeanemonen, Vögel oder Fellzeichnungen von Säugern? Ich greife aus der Fülle irgend etwas heraus: Ein Pantherfell, das Muster des Tigers, und lasse selbstverständlich aus dem Spiel, daß wir diese Flächengliederung schön finden. Das wäre ja eine allzumenschliche Deutung, die ein Naturforscher ablehnen muß. Aber die Evolutionstheorie hat unter manchen ihrer seltsamen Deutungen auch eine für solche Muster aufgebracht: Sie sind ein Schutz für ihren Träger, sie lassen in geeigneter Umgebung den Leoparden, den Tiger verschwinden und sichern so dem Lauernden das Moment der Überraschung beim Beutefang. Wenn gar das Wort »Somatolyse«, also Auflösung der Körperlichkeit für diese Leistung geprägt ist, macht eine solche Benennung die Deutung noch suggestiver. Nehmen wir an, die Interpretation entspreche den Tatsachen – darüber diskutiere ich nicht – so müssen wir doch fragen, inwiefern sie dieses tarnende Muster erklärt.

Eine verbergende Fellzeichnung kann auf hunderterlei Arten der Streifung, Fleckung, Strömung, Scheckung als Tarnung wirken. Und dieser Effekt mag auch wirklich verbergende Funktion haben. Indessen ist damit nicht die geringste jener Einzelheiten erklärt, die der Gestaltforscher als charakteristisch für das besondere Fell des Tigers hervorhebt. Der Kontrast der Fleckung von Leopard und Jaguar bleibt ein völliges Rätsel; und könnten auch alle Selektionswirkungen dieser Färbungen klar erwiesen sein, so würde diese Selektion wohl eine funktionale Folge des Musters, niemals aber dessen Entstehung und seine formale Eigenart erklären. Dies aber, das Werden und die artgemäße Gestalt, das ist es, was wir als Naturforscher erklären möchten.

Das Rätsel von der Entstehung der Formen

Die Entdeckung einer funktionalen Bedeutung, einer Rolle im Lebensspiel, zeigt eine Wirkung, die der Beobachter vor der Bühne nachweisen kann; wenn er aber erwartet, der Forscher hinter der Bühne erkläre ihm auch das Zustandekommen der gestaltlichen Eigenart, dann wird er arg enttäuscht. Die Ergründung hinter der Bühne zeigt bis jetzt nur, daß es »mit rechten Dingen zugeht«; der Erbforscher wird feststellen, es müssen im Erbgut der Art Ordnungssysteme in Zellkern und Plasma vorgebildet sein, welche dafür sorgen, daß das Panthermuster beim Jaguar eben anders ist als beim Leoparden. Eine Erklärung ist das natürlich nicht. Es ist vielmehr das Eingeständnis, daß wir vor dem Rätsel stehen, wie Formen entstehen – seien es nun die artverschiedenen Streifungen der Zebras oder die Ocellen, die farbigen Ringbildungen, die wie Augen wirken. Niemand wird den möglichen Effekt solcher Scheinaugen im Daseinskampf, als Feindabwehr etwa, bestreiten – doch in keinem Fall ist durch die genetische oder die biochemische Forschung von Fall zu Fall das Herausformen solcher Gebilde erklärt worden.

Wenn ich das feststelle, so ist dies keine Abwertung der Arbeit hinter der Bühne; es ist das die Bemühung um eine nüchterne Beurteilung. Viel hingebende Arbeit wurde geleistet, um das So-Sein der Muster zu verstehen und sie als Gestalt wirklich zu erklären. Wer das durch fünf Jahrzehnte eingehend verfolgt hat, wer in dieser Zeit selbst ständig um die Ergründung des Entstehens solcher Gestaltung bemüht war, darf wahrhaftig behaupten: Die Vergeblichkeit all dieses Mühens weise auf noch verborgene Gesetze der organischen Gestaltung hin.

Noch einmal: Wirkung auf ein anschauendes Auge gibt dem Muster eine Funktion: Anlockung, Warnung, Tarnung, Erkennen von Artgenossen – alles das »funktioniert«. Aber die Eigenart der so wirkenden Gestaltungen wird damit nicht erklärt, das eigentliche Problem der Form ist noch immer ungelöst.

Wenn wir uns in die Eigenart von Mustern, denen ganz sicher auch keine der eben genannten Rollen im Lebensspiel zukommt, vertiefen, können wir einen weiteren Schritt in diese Problematik tun. Am stärksten hat mich das Studium der Muster von Seeanemonen beeindruckt. Bei ihnen treffen wir auf geometrisch geordnete Muster, denen kein Wert für Tarnung oder Anlockung zukommt. Kein noch so energischer Verfechter der Selektionswirkung hat diesen Zeichnungen eine derartige Rolle zuzuweisen versucht. Dagegen ist augenfällig, daß die verschiedenen Fühlerkränze in der Entwicklung in streng geordneter Folge erscheinen und in dieser Entwicklungsweise durch besondere Farbverteilung ausgezeichnet sind: Auffällig die zwei Fühler der Mundebene, anders gemustert die vier Fühler von zwei anderen Ebenen der Symmetrie, bescheidener die Tentakel der nächsten Fühlergruppe. Das Muster findet wohl eine Erklärung durch diese Ordnung des Entwicklungsganges, die Eigenart der einzelnen Färbungsgruppen aber bleibt ungeklärt in ihrem So-Sein. Wir erleben einfach die Zwangsläufigkeit eines geordneten Ablaufs. Solche Erscheinungen, die ich im Gegensatz zu den vorhin betrachteten, auf Augen wirkenden Mustern als »unadressiert« herauszuheben versuchte, mahnen unmittelbar an die Verborgenheit der letzten Formgesetze.

Ich könnte den Seeanemonen ohne weiteres ein anderes Beispiel unadressierter Gestalten zur Seite stellen, die unabsehbare Mannigfaltigkeit der Formen grüner Blätter – und es wäre mir eine besondere Freude, wenn der Leser sich zu einer vertieften Umschau in diesem uns allen so leicht zugänglichen Reich im »Grünen« entschließen würde.

Was den Umgang mit den unadressierten Gestaltungen des Lebendigen für meine Auffassung von Natur und Welt bedeutet hat, wird vielleicht im Laufe meines Berichtes über die Arbeit eines Biologen noch deutlicher werden. Sie hat mich bewahrt vor einer Überschätzung der rein technischen Beziehung zur Natur. Sie hat mir früh die Einseitigkeit eines puren Strebens nach Herrschaft über die Lebensprozesse vor Augen geführt – lange bevor die Folgen des dominierenden Ausnützens der Forschungsergebnisse im Dienst von Macht über die Natur zu einer erschreckenden Lebensbedrohung geworden sind.

In einer Zeit, die von der Forschung praktische Anwendung fordert, die vom Biologen Darstellungen der durchschauten, der im technischen Sinne verstandenen Organismen erwartet, wurde es mir zu einem ständigen, ausgleichenden Bedürfnis, zu einer immer dringender werdenden Aufgabe, auf das Nichtdurchschaute hinzudeuten, auf das Ausmaß des Unverstandenen nachdrücklich hinzuweisen. Wer das heute tut, muß in Kauf nehmen, zuweilen als ein Don Quichotte in der technischen Welt der Laboratorien zu erscheinen. Aber er weiß, daß er nicht allein ist. Es ist kein Zufall, daß im Wissen um die tödliche Bedrohung unseres Daseins durch die schrankenlose Auswirkung des technischen Könnens, auch der Biotechnik, die Morgenlandfahrer, von denen Hermann Hesse berichtet, zahlreicher werden als je.

IV
UMSCHAU IM REICH DES UNERFORSCHTEN

Die Jahre am Meer – seit den Wochen auf Helgoland jeweils im Spätjahr 1921 und 1922 – haben mir einen inneren Formenschatz verschafft, der mir in den Jahrzehnten des Hochschulunterrichts immer neue Kraft gegeben hat: die nahe, volle Vertrautheit mit der Mannigfaltigkeit der marinen Gestalten und ihrer Formwandlung.
Die frühe Spezialisierung auf ein engeres Fachgebiet, wie sie der Zwang von äußeren Forderungen heute begünstigt – hat eine Verarmung des Erlebens der lebendigen Natur zur Folge, welche auch durch das tiefere Eindringen in ein Teilgebiet nie ausgeglichen werden kann. Natürlich habe auch ich mich entscheiden müssen zur Beschränkung auf ein engeres Arbeitsfeld, aber ich habe es mir nie nehmen lassen, mich immer wieder – und am Meer ganz besonders – der Fülle der Eindrücke hinzugeben. Immer wieder regten mich die Tiergesellschaften an, die sich auf den Felsen der Brandung und auf den Algen festsetzen. Die Skizze von Helgoland war ein erster Anlaß zur wachsenden Vertrautheit mit den Polypenkolonien der Tubularien, deren roter Kranz von Geschlechtsorganen in meinem Bild freilich nicht in seiner Schönheit zur Geltung kommt. Damals haben mich die kleinen Krebse mehr interessiert, die in Gruppen am Tubulariastämmchen ihre Gehäuse bauen, kleine Röhrchen, die ihrerseits wiederum einer mikroskopisch kleinen Flora und Fauna zum Wohnort dienen.
Diese Hingabe an den Zusammenhang der Dinge um uns ist zuweilen leicht belächelt worden, als wäre das in den Augen wirklicher Forscher eine müßige Spielerei. Heute, wo die lastende Bedrohung unserer Umwelt alle angeht, muß man nach den Biologen suchen, welche die verborgenen Verflechtungen der Lebensgemeinschaften um uns wirklich kennen und die ernsthaft raten können, wenn es um die Erhaltung ursprünglichen Lebens in seinem komplizierten Zusammenspiel geht!

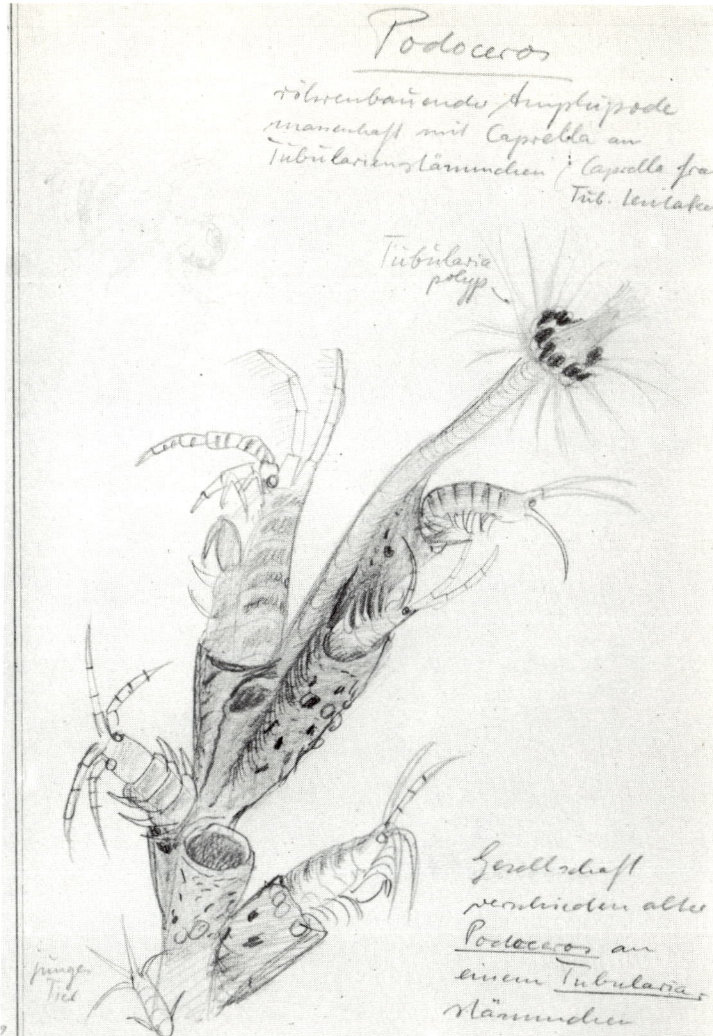
Podoceros
röhrenbauende Amphipode
massenhaft mit Caprella an
Tubularienstämmchen (Caprella fra[ss]
Tub. tentakel)
Tubularia
polyp
Gesellschaft
verschiedenen alter
Podoceros an
einem Tubularia-
stämmchen
junges
Tier
8.9.22 Helgoland

Was macht ein Zoologe, der jahrelang mit Begeisterung am Meer gearbeitet und sich in seinen Träumen eine Zukunft in der marinen Forschung vorgestellt hat – was macht er, wenn er von einem Tag auf den anderen ins Binnenland an die Universität von Basel gerufen wird, um seinen schwer erkrankten Lehrer zu vertreten? Und wenn überdies die Hauptaufgabe, die ihm der neue Auftrag zuteilt, »Vergleichende Anatomie der Wirbeltiere« heißt?

Mit Leidenschaft hatte ich mich in die Entwicklungsgeschichte eigenartiger Meeresformen vertieft, vor allem in die Frühphasen der Tintenfische und mariner Schnecken, aber auf dem Gebiet der »Vergleichenden Anatomie« fühlte ich mich weniger zu Hause. Ich mußte unbedingt auf dem neuen Feld, in das ich nun hineingestellt war, in voller Teilnahme arbeiten, mußte mit den speziellen Fragestellungen vertraut werden, um vor mir selbst den Aufbau einer Vorlesung rechtfertigen zu können, welche einem so wichtigen Gebiet galt. Hatte doch die Einführung in die Evolution der Wirbeltiere für die jungen Mediziner den Grund zu legen, auf dem ein tieferes Verständnis für den Menschen und seinen Platz im Gesamten des Lebens entstehen konnte. Ich mußte durch eigenes Forschen an der Arbeitsfront der Morphologie zu einem Urteil über viele widersprechende Ansichten kommen, wenn diese Vorlesung wirklich ein tieferes Verständnis für das Gesicherte wie für die offenen Probleme vermitteln wollte.

Das verlangte eine rasche Entscheidung. Die Wahl war überdies belastet durch die düstere Wirtschaftskrise jener Jahre um 1928, die auch unsere Universität schwer bedrückte: Eine der ersten Mitteilungen beim Amtsantritt verkündete mir die Kürzung der Kredite unserer Institute um 10%. Es galt also, sich nach der Decke zu strekken.

Das Suchen nach dem neuen Arbeitsfeld wurde geleitet von meiner alten Liebe für Entwicklungsgeschichte für alles, was mit der Entstehung der Lebensformen aus dem Keim, mit dem Werden von Gestalten zusammenhängt – eine Neigung, die von der Anregung durch die Medizinische Fakultät in München gefördert worden war.

So entschied sich bald, daß meine eigene Arbeit im Gebiet der Vergleichenden Anatomie der Entwicklungsgeschichte der Wirbeltiere gelten müsse. Es konnten aber nur Bereiche in Frage kommen, auf denen man im Binnenland intensiv arbeiten konnte. Die marinen Probleme blieben zunächst noch Ferienmöglichkeiten – und wie sehnsüchtig gehegte! Schließlich wählte ich die Entwicklungsgeschichte der Vögel, weil die Gefiederten zum Glück auch heute noch in großer Formenfülle unseren Alltag beleben.

Die Zeit von 1928 an bis weit in die fünfziger Jahre war diesen Aufgaben gewidmet. Ich ging aus von etwas recht Banalem, das aber das Rätsel des Werdens im Laufe der Geschichte des Lebens sehr eindrücklich aufgab: Wir kennen alle die hilflosen Spatzenjungen, nackt, mit geschlossenen Augen, auf die Fütterung durch die Alten angewiesen. Jedermann kennt auch das Hühner- oder Entenküken, das aus dem Ei schlüpft, sich sogleich recht selbständig regt und pickt. Diesem Kontrast von zwei extrem abweichenden Entwicklungsstadien im Moment des Schlüpfens galten meine ersten Fragen, und eine rasche Umschau über das bestehende Wissen zeigte, daß es sich lohnen könnte, in diesen Gegensatz tiefer hineinzuschauen.

Vorerst mußte ich erfahren, wie scharf die beiden Typen der Vogelkinder gesondert seien, welche Zwischenformen sich finden würden. Unser Überblick hatte mehr als 50 Ordnungen der Vögel zu erfassen, von denen allein die Sperlingsvögel mehr als 6000 Arten aufweisen. Überdies mußten alle Möglichkeiten genutzt werden, um eigene Erfahrungen zu sammeln.

Ich ergriff daher die Möglichkeit, mich mit vielen hilfsbereiten Vogelfreunden im Lande zusammenzutun. Das war nicht immer einfach, denn die Einsichtigen kämpften bereits damals für die Erhaltung der bedrohten Tierwelt. Der Naturforscher vom Fach war wohl willkommen, um Vorträge über das Vogelleben zu halten; wenn es sich aber zeigte, daß er Nester suchen und Eier oder Jungvögel in sein Laboratorium mitnehmen wollte, wurde er als Feind, zumindest aber mit Mißtrauen empfangen. Mir war Naturschutz ganz selbstverständlich, und ich hätte nie leichtfertig frühe Eistadien oder Vogeljunge für Forschungszwecke geopfert. Wie soll man aber die bedrohte Natur wirklich schützen, ohne dieses Naturleben zu kennen, ohne um die Bedingungen zu wissen, welche die Vogelarten untereinander und mit der übrigen Umwelt zu einer komplizierten Einheit verbinden?

Aus der Notwendigkeit, Material für die Forschung zu gewinnen, wurde daher bald eine Aufgabe der Aufklärung. Meine ornithologischen Freunde wissen, wie viele Vorträge ich in den Jahren vor dem Zweiten Weltkrieg in der Schweiz gehalten, wie viele Diskussionen ich geleitet habe, um für eine sinnvolle Forschung Verständnis zu erwecken, um zu zeigen, daß unsere Absichten im alten Institut am Rhein letztlich auch dem Naturschutz zugute kommen. Es ist gelungen. Ich durfte jahrelang großzügige Hilfe empfangen, für die ich heute noch im Zurückschauen dankbar bin – ganz zu schweigen von den Freuden herzlicher Kameradschaft vom Fanelstrand am Lac de Neuchâtel bis zum Bodensee, in den Wäldern vom Jura bis in die Alpen, wo wir unsere Eier und Vogelkinder suchen mußten. Wie manches gute Glas Wein beim abendlichen Gespräch im Dienste dieser besonderen Vogelforschung getrunken worden ist, das geht aus den Arbeiten nicht hervor, welche die Früchte dieses Zusammenseins waren. Wie viele Erklärungen habe ich in jenen Jahren in der Eisenbahn gegeben, wenn ich mit meinen sorgsam gehüteten Vogeleiern oder mit Körben voll piepsender Jungen ins Laboratorium heimkehrte; das Auto war in jenen Jahren noch nicht das selbstverständliche Transportmittel für unsere Arbeiten im Felde! Schließlich kam ein Material zusammen, das recht viele neue Einsichten in die Vogelentwicklung ermöglicht und manchen Freund unter den helfenden Liebhabern zu neuer Feldarbeit in seinem Bereich angeregt hat.

Manche Zufälle brachten Unerwartetes. Strahlend berichtete mir ein Bekannter während einer Tramfahrt, er habe eben etwas gegessen, was ich sicher nicht kenne: Kiebitzeier! Diskrete Fragen brachten ans Licht, daß in Holland solche Eier planmäßig und mit vernünftiger Schonung der Hauptbrutzeit gesammelt und verschickt wurden. Ich kam zu Adressen, und bald belebten Dutzende von lebhaften Kiebitzjungen unsere Volieren am Rhein zur Freude aller meiner Mitarbeiter. Viele dieser kleinen Kiebitze sind als erwachsene Vögel in der Schweiz freigelassen worden, nachdem wir täglich messend und wägend ihre Entwicklung zum flugfähigen Vogel studiert hatten. Spannende Tage (und Nächte) brachten mir die Studien an Eulen, vor allem die Beobachtung zweier Bruten in den beiden Kirchtürmen von Hochdorf, wo uns der katholische und der protestantische Pfarrer in ökumenischem Geiste gemeinsam halfen.

Solches Suchen nach allen Seiten führte früh zu enger Arbeitsgemeinschaft mit der Vogelwarte in Sempach. Mein Lehrer, F. Zschokke, hatte seit deren Gründung die ersten Beziehungen Basels zu Alfred Schifferli geschaffen, dem Vater des weithin bekannten heutigen Leiters der Warte. Wir haben in der Folge von Basel aus kräftig mitgeholfen, daß diese Institution zu dem wurde, was sie heute darstellt: Eine weit über unser Land hinaus geachtete Forschungsstätte! Es ist kein Zufall, daß 1954 die weltweiten Verbände der Vogelforschung ihren internationalen Fachkongreß in Basel durchgeführt haben.

Von Nesthockern und Nestflüchtern

Im Laufe unserer Arbeit an den so extrem verschiedenen Jugendzuständen unserer Vögel wurden die hilflosen Nesthocker, die jungen Spatzen, Amseln, Mauersegler, immer merkwürdiger und rätselhafter.

Die Zoologen sind durch viele gute Gründe überzeugt worden, daß die Vögel von Reptilien abstammen – wenn auch das Wie und Was dieser Umformung uns noch völlig verschlossen ist. Die Kriechtiere aber kommen ausnahmslos als weit entwickelte Jungtiere zur Welt, als winzige Schlänglein, Echsen, Schildkröten oder Krokodile. Die Annahme drängte sich auf, es sei also wohl auch bei den Stammformen der Vögel der bewegliche muntere Nestflüchter, ein weit ausgebildeter Zustand des Kükens der ursprüngliche Schlüpfzustand gewesen und die hilflosen Nesthocker seien in der Entwicklung der Vogelgruppen erst später ausgeformt worden.

Freilich, maßgebende Vogelkenner waren gar nicht dieser Meinung. Sie sahen im Nestflüchter der Vögel nicht den Anfangszustand der Stammesgeschichte, sondern einen aus unbekannten Vorstadien entwickelten, weit ausgebildeten Geburtszustand. Bei ihnen stieß meine Auffassung zunächst nicht auf Gegenliebe, und es brauchte jahrelange Arbeit, um unserer Bewertung zur Geltung zu verhelfen.

Eine erste Stütze bot der Vergleich der Brutzeiten. Der langen Eiperiode der Kriechtiere entspricht eine lange Bebrütung bei Vögeln, die auch gestaltlich als urtümlich gelten können. Eidechsen oder Nattern verlassen das Ei nach 60 bis 30 Tagen, je nach der Brutwärme, Enten- oder Hühnerküken nach etwa 30 bis 20 Tagen. Es erschien wahrscheinlich, die sehr verkürzten Brutzeiten – bei Sperlingsvögeln bis gegen 10 Tage, bei Spechten im Extrem sogar 9 Tage – seien eine sehr späte Variante hochevoluierter Vogelgruppen. Die gründliche Prüfung zeigte denn auch manche Einrichtungen im Entwicklungsgang dieser Nesthocker, die als Abänderungen der ursprünglichen reptilienartigen Eientwicklung aufgefaßt werden müssen.

Um überhaupt so früh außerhalb des Eies zu existieren, bedürfen diese Jungen eines Schutzes ihrer wichtigsten, noch sehr unentwikkelten Sinnesorgane. Die Augen müssen durch eine frühe Ausdehnung der Lider völlig überwachsen, die Ohren äußerlich ganz verschlossen werden. Dieser Verschluß der Sinnesorgane erwies sich als das ganz Besondere bei diesen Nestjungen. Er kann nur als eine Einschiebung in eine ursprünglichere Entwicklungsform verstanden werden. Das gilt auch von der seltsamen Tatsache, daß die Ausbildung des Gefieders im Keim vieler Nesthocker normal einsetzt, aber früh gebremst wird. Die Federkeime werden unter die Haut versenkt – auch dies eine Hilfseinrichtung zum Schutz dieser zarten

Gebilde, die erst nach dem Schlüpfen die Haut durchstoßen und auswachsen.
Ich war meiner Sache früh schon recht sicher geworden. Aber die völlige Klarheit kam erst später, als ich die embryonale Entwicklung der Säugetiere sorgfältiger zu prüfen begann. Finden wir doch die Jugendzustände der Nesthocker und Nestflüchter auch bei dieser Gruppe. Junge Mäuse, Ratten, Igel oder Maulwürfe kommen mit verschlossenen Augen zur Welt, wie die jungen Spatzen hilflos, nackt, der Wärmung und Betreuung durch die Alten bedürftig. Ganz anders die springlebendigen Füllen, die jungen Kälbchen, die neugeborenen Elefanten, Nashörner oder Robben: Wohl bleiben auch sie zunächst abhängig von der Muttermilch; doch vermögen sie in erstaunlichem Maß sogleich nach der Geburt im Verband der Alten mitzumachen – sehr bald mitzurennen, wenn sich das Leben in der Steppe, oder mitzuschwimmen, wenn es sich im Meer abspielt.
Was lag näher als die Annahme, zwei so übereinstimmende Formen des Neugeborenen dürften bei Vögeln und Säugern auch eine gleiche evolutive Rolle gespielt haben: Der reptilienhafte Nestflüchter als ursprünglich, der hilflose Nesthocker als spätere Umformung des Entwicklungswegs. Doch schon die erste sorgfältige Prüfung mahnte zur Zurückhaltung. Es zeigt sich, daß im großen Tierstamm der Säuger die Nesthocker alle und ausnahmslos als Geburtszustände von uralten, früh in der Erdgeschichte erscheinenden Gruppen auftreten: Beuteltiere und Schnabeltiere gehören dazu, Spitzmäuse und Igel, Ratten und Mäuse – lauter Gruppen, die jeder Gestaltforscher, jeder Systematiker als relativ ursprünglich betrachtet. Alle Nestflüchter dagegen gehören zu hochentwickelten Säugertypen: Die jungen Huftiere, Robben, Wale ebenso wie die Affenartigen.
Zwei einander in Gestalt und Lebensform völlig entsprechende Entwicklungszustände haben also in den beiden höchsten Typen der Wirbeltiere eine gegensätzliche stammesgeschichtliche Wertigkeit: Beim Säuger steht der hilflose Zustand am fernen Anfang, beim Vogel kennzeichnet er das heutige Endstadium der Evolution. Damit

stellte sich – für die Kenner der Gruppe zwar nicht neu, aber in neuer Schärfe – das Problem des Ursprungs der Säuger.

Es besteht weitgehend Einigkeit darüber, daß auch die Säuger von Reptilien abstammen, freilich von einer Gruppe, die von den möglichen Stammesformen der Vögel weit entfernt ist. Welches mag der Fortpflanzungsweg und der Geburtszustand jener Kriechtiergruppe gewesen sein, aus der die Säuger hervorgegangen sind? Bis heute ist uns ein Glied der Evolution von Säugetieren völlig verborgen: die Art der Jugendentwicklung – eine Lücke, die Jahrmillionen umfaßt.

Unter den sehr altertümlichen Säugetiergruppen finden wir heute noch zwei Gattungen der australischen Fauna, das Schnabeltier und den Ameisenigel, die beide Eier legen, aus denen winzige Nesthokkerjunge schlüpfen. Eine andere sicher sehr alte Gruppe, jene der Beuteltiere, bringt gleichfalls hilflose Junge zur Welt, die meist im Beutel der Mutter heranwachsen. Durch keinen der beiden Entwicklungswege erfahren wir, wie das für alle übrigen Säuger eigenartige Heranwachsen der Embryonen im Mutterleib entstanden ist.

Das Nesthockerstadium der Säugetiere zeigt eine weit entwickelte Form der Verschlußeinrichtungen, welche die Sinnesorgane des Neugeborenen schützen. Während aber die Lidränder bei den Nesthockern der Vögel lediglich verklebt sind, so verwachsen sie bei den entsprechenden Säugerjungen vollständig. Der Schutz ist wirksamer. Dasselbe gilt für den Ohrenverschluß!

Besonders spannend und aufschlußreich wurde der Vergleich dieser Entwicklung der Sinnesorgane im Mutterleib bei den Nestflüchtern, die ja mit offenen Augen zur Welt kommen. Ob wir Makaken und Paviane prüfen oder Huftiere, Robben und Wale – immer beobachten wir, daß früh im Mutterleib Augen und Ohren durch einen Gewebeverschluß abgeschirmt werden, als müßten diese Tiere sehr bald in die Welt hinaus entlassen werden. Und doch kommen sie noch lange nicht ans Licht: Sie wiederholen im Mutterleib lediglich die Phase einer Entwicklung, die im Hinblick auf eine frühe Geburt als hilfloser Keim den Schutz der Sinnesorgane vorbereitet. Im heutigen Werdegang, der zum jungen Nestflüchter führt, ist dieses Zwischenspiel zwecklos – einen Sinn hat es nur als Manifestation eines Entwicklungsgeschehens, das dem Erbgang der höheren Säugetiere fest eingegliedert ist.

Dieser Verschluß der Sinnesorgane im Innern des Mutterleibes ist ein drastisches, ja vielleicht das eindrücklichste Zeichen dafür, daß die höheren Säuger von Formen abstammen, die einst, auf früher Entwicklungsstufe als hilflose Nesthocker zur Welt kamen. Übrigens spielen sich diese Vorgänge auch in unserer eigenen individuellen Entwicklung etwa vom 2. bis zum 5. Monat der Schwangerschaft ab. Die Augenlider und der äußere Gehörgang wachsen zu; nachher öffnen sich beide Verschlüsse, als müßte nun bald in der freien Welt draußen gesehen und gehört werden. Doch geht ja auch unsere Entwicklung im Mutterleib noch lange Monate weiter.

Die eingehende Prüfung der Säugerentwicklung lieferte uns das wichtigste Argument im Streit um die Deutung der Verhältnisse bei den Vögeln. Wären die beiden so auffällig gleichen Kindheitsformen, Nesthocker und Nestflüchter, bei Vögeln und Säugern auch der gleichen Evolutionsstufe zugeordnet, dann wäre zu erwarten, daß in der Entwicklung des nestflüchtenden Vogeljungen sich Spuren einer einst durchlaufenen Nesthockerphase finden müßten, wo doch diese Spuren beim Säuger so auffällig sind. Aber nichts dergleichen ist zu finden.

Die vergleichende Untersuchung läßt nur einen Schluß zu: Der Nestflüchter im Werdegang der Vögel ist Glied eines sehr ursprünglichen Entwicklungsweges, der dem der Reptilien entspricht. Der als Nestflüchter geborene Säuger aber ist das späte Ergebnis einer ganz anderen Evolution.

Wie messen wir Hirnstrukturen?

Die ersten Ergebnisse, von denen ich eben berichtet habe, sind in den Hauptzügen etwa in den Jahren 1928 bis 1931 erarbeitet worden. Wir Jüngeren hatten uns, als ich so plötzlich nach Basel gerufen worden war, das Wort gegeben, unserem Chef die Möglichkeit zu wahren, bis zu seinem 70. Jahr offiziell in seinem Amt zu bleiben, wenn ihm sein Leiden auch die aktive Teilnahme unmöglich machte. Er nahm 1931 mit einer einzigen Vorlesung Abschied. Im selben Jahr wurde mir dann in aller Form die Leitung der Zoologischen Anstalt übertragen.

Die erste Klärung der Entwicklungswege von Vögeln und Säugern warf neue Fragen auf. Wohl kann man aufgrund vieler Einzelzüge der Gestaltung bei Wirbeltieren von niedrigen und höheren Typen sprechen. Der Vergleich von Fischen oder Amphibien mit den eigentlichen Landwirbeltieren läßt solche Rangordnungen ohne weiteres zu. Die Vertrautheit mit Vögeln oder Säugern führt natürlich bald dazu, auch Unterschiede der psychischen Entwicklung festzustellen. Zugleich aber meldet sich immer dringender das Bedürfnis nach einer genaueren Bestimmung dessen, was ich eben die Ranghöhe nannte, um unsere Einsichten in evolutive Zusammenhänge zu vertiefen.

Die beste Hilfe bot die vergleichende Untersuchung des Gehirns, des Organs, das über den Reichtum der Beziehungen zur Umwelt, zur belebten wie zur unbelebten, entscheidet. Manche Versuche dazu lagen vor, aber sie konnten bei näherer Prüfung nicht befriedigen. So begann ich eigene Studien mit meinen Mitarbeitern.

Wir verglichen die Massenentwicklung eines Hirnteils, der in erster Linie elementaren Funktionen dient, mit der Masse von Hirnteilen, die wie das Großhirn oder das Kleinhirn, bei Vögeln auch das Mittelhirn, vor allem für die Umweltbeziehungen verantwortlich sind. Das Verhältnis der Masse eines höheren zum elementaren Hirnbereich ergibt einen Wert, der als Maß der Differenzierungshöhe gelten darf. Die Bestimmung des elementaren Hirnteils bot manche Probleme, da er auch Nervenbahnen enthält, die höheren Funktionen dienen und die oft beträchtliches Ausmaß erreichen. Weitere Untersuchungen ermöglichten uns schließlich, einen Elementarapparat zu bestimmen, der von solchen Erweiterungen möglichst frei ist und dessen Masse somit vor allem ein Ausdruck der Körpermasse ist, welcher dieser Hirnanteil dient.

Die großen Kontraste der Hirnstruktur von Vögeln und Säugern fordern für die beiden Tiertypen verschiedene Methoden, so daß die erhaltenen Werte nur innerhalb jener Großgruppen verglichen werden können. So entstand in der Zeit von 1937 bis 1950 eine für unsere Vergleiche der Rangordnung brauchbare Methode, deren Resultate uns erlaubten, für das schwer faßbare Faktum der »Organisationshöhe«, des »Ranges« eine erste, wenn auch sehr allgemeine Aussage zu machen. Die Zahlen, die wir erhalten, sind keine Schulnoten, keine Auskunft über Intelligenz. Wer weiß, wie sehr ich mich immer gegen solches Erfassen von komplexen psychischen Tatsachen sträube, darf wohl fragen, was mit solchen recht mühsamen Wertbestimmungen denn eigentlich gewonnen sei.

Vielleicht helfen ein paar Gegenüberstellungen solcher Werte einen Schritt weiter – wobei, wie bereits betont wurde, nur Vögel unter sich und Säuger untereinander verglichen werden dürfen. Sonst vergleicht man Temperaturgrade der Fahrenheitskala mit solchen der Celsiusreihe, ohne die Unterlagen zur Umrechnung zu kennen!

Ein erstes Ergebnis: Bei gleichem Körpergewicht von 1 Kilo ergeben unsere Berechnungen folgende Liste für die obersten Hirnzentren, für die Hemisphären beim Vogel, für das Neuhirn beim Säuger:

Igel	0,77	Fasan	3,18
Bisamratte	2,75	Silbermöwe	4,31
Wildkaninchen	4,6	Sperberweibchen	7,34
Steinmarder	12,9	Kolkrabe	18,9
Mohrenmaki	13,5	Ara-Papagei	28,02

Noch ein Beispiel aus der Säugergruppe: Bei etwa 70 kg Gewicht des Körpers ergeben sich die folgenden Zahlen für das Neuhirn:

Gefleckte Hyäne	16,9
Guanaco	21,7
Europäisches Ren	24,5
Mensch	170,0.

Alle Berechnungen ergeben große Kontraste der Gehirnausbildung trotz gleicher Körpergröße. Daß unsere Zahlen also etwas Bedeutsames über die Gehirnorganisation aussagen, bezeugt der Vergleich von Tieren gleicher Stufe, aber von sehr verschiedener Größe: Der Index des Neuhirns beträgt

bei zwei Insektenfressern:	einer Wasserspitzmaus von etwa 16 g:	0,76
	einem Igel von etwa 1 kg:	0,77
bei zwei Wiederkäuern:	einem Mufflon-Schaf von 38 kg:	19,5
	einem tibetanischen Yak von 250 kg:	19,5

Trotz gewaltiger Unterschiede der Körpermasse ergibt sich derselbe Gehirnindex. Unsere Zahlen bezeugen, daß sie auf verborgene Entsprechungen der Hirnorganisation hinweisen, die von der Körpergröße weitgehend unabhängig sind. Wir dürfen unsere Indexzahlen als den Ausdruck einer entsprechenden Organisationshöhe verwerten. Es kann uns darum sicher nicht gleichgültig sein, welche Indexzahlen in der Verwandtenreihe der Affen und Menschen auftreten, bei den Primaten, den Herrentieren, wie sie Karl v. Linné taufte. Hier folgt die Reihe der Primaten der alten Welt, soweit sie mir zugänglich waren und in den Erwägungen über die Evolution des Menschen eine Rolle spielen:

Javamakak	Neuhirnindex:	32,4
Pavian	Neuhirnindex:	47,9
Schimpanse	Neuhirnindex:	53,0
Mensch	Neuhirnindex:	170,0.

Auch ein Blick auf die Höchstwerte bei Säugern ist wohl am Platze, da er vielleicht Überraschendes aufdeckt:

Primaten:	Schimpanse	Neuhirn 53,0
	Mensch	Neuhirn 170,0
Elefant:		Neuhirn 104,0
Zahnwale (Delphine):		Neuhirn 103–119
Bartenwale:		Neuhirn 40–45

Es sei nochmals betont, daß die Art unserer Bestimmung dieser Hirnwerte die Kontraste der Körpergröße weitgehend eliminiert. Die hier aufgeführten Zahlen sind das letzte Resultat einer Arbeit, die um 1950 eine gewisse Klärung brachte, aber bis zu Anfang der siebziger Jahre überprüft und verbessert worden ist. Unsere Zahlen lösen weniger Probleme – sie stellen vielmehr neue Fragen. Das ist der Gang der Naturforschung. Was in mehr als dreißig Jahren verwirklicht werden konnte, bildet den ersten Versuch zur Ordnung einer recht verworrenen Masse von Tatsachen. Gemeinsam haben wir viele fragwürdige – wirklich »frag-würdige« – Angaben geprüft, unsere Ergebnisse mit denen der Verhaltensforschung in Beziehung gebracht und so eine Synthese erstrebt, die sich als aufschlußreich und anregend erwiesen hat.

Blick ins Ungesicherte

Eine Strecke der unbekannten Evolution des Lebendigen zu erhellen, das faktisch Vorliegende – das sind ja immer Bruchstücke – zu einem Bild zu formen – jeder Versuch dieser Art ist eine Grenzüberschreitung ins Ungesicherte, indem er die spärlichen deutlicheren Glieder eines geahnten großen Freskos in konkrete Zusammenhänge einfügt. Das Zeitbedingte solcher Darstellungen steht jedem vor Augen, der daran arbeitet. Aber trotz aller Unsicherheiten muß dieses vorläufige Bild immer wieder gewagt werden. »Jeweilsbilder« hat der treffliche Anthropologe G. Heberer diese Versuche mit Recht genannt.

Die Naturwissenschaft ist der Allgemeinheit gegenüber verantwortlich für eines der wichtigsten Glieder unserer Weltsicht: Für die Annahme, daß sich das Leben allmählich aus einfachsten Stufen zu höheren Gestalten entwickelt hat. Diese Annahme stellt im Abendlande Auffassungen in Frage, die während einigen tausend Jahren das Denken über Mensch und Welt beherrschten. Eine Aussage von solcher Tragweite bedarf einer dauernden Überprüfung, einer stetigen Auseinandersetzung mit neuen Ergebnissen der Forschung.

Immer wieder habe ich versucht, für Teilprobleme der Evolutionslehre die Aufgabe einer Synthese und ihrer Erneuerung zu leisten, da durch sie allein sich die beherrschende Rolle rechtfertigen läßt, die der Lebensforschung in den Kämpfen um die Stellung von Mensch und Erde im Kosmos zukommt.
Eines meiner besonderen Probleme kreiste um die Wege und Umwege, durch die sich das Individuum aus einer Eizelle zur Reifeform entwickelt. Es gilt, unablässig an einer solchen Darstellung der wissenschaftlichen Ergebnisse zu arbeiten, um zu verhindern, daß die Aussagen einer wissenschaftlichen Evolutionslehre zum Dogma einer Weltanschauung erstarren.
In meiner Heimat herrscht der schöne alte Brauch der Banntage, an denen die Grenzen des kleinen politischen Bezirks jeweils gemeinsam abgeschritten, Grenzlinien und Grenzsteine in der Erinnerung verankert werden. Es geht bei diesem Anlaß mit Fahnen und Trommelklang um das Bewahren von historisch Gewordenem. In der biologischen Arbeit sind solche Grenzgänge genauso nötig – aber sie dürfen nicht der getreuen Bewahrung des Erworbenen dienen, nicht den Respekt vor Grenzsteinen pflegen – ihre Aufgabe ist die Neubestimmung der Grenzen des zu einer bestimmten Zeit Gesicherten, des Aussagbaren, des Standortes, von dem aus wir in das fremde Land des Unerforschten hinüberblicken.

V
EINSTIEG IN DIE PROBLEME DER ANTHROPOLOGIE

Ein Skizzenblatt von Helgoland hält die Bewegungen der Krabbengattung Corystes fest, (oben links ist überdies ein großer Taschenkrebs mit aufgenommen worden). Die Studien von 1922 haben Vorläufer aus dem großen Aquarium in Berlin, wo ich ein Jahr früher versucht hatte, auch diesen ausdrucksarmen Gestalten der marinen Fauna in ihren Lebensäußerungen zu folgen. Sie bezeugt aber nicht nur das Interesse des Zoologen, der zum ersten Mal der marinen Welt begegnet, sondern sie entstand auch aus dem Wunsch, ein großes Material zu sammeln, das für Zukunftspläne bereitliegen sollte. Waren doch jene Jahre eine zwiespältige Zeit – einerseits der klaren intensiven Arbeit zur Ausweitung des biologischen Wissens, wozu auch die Einfühlung in das Verhalten der lebendigen Wesen gehörte – andererseits eine Periode suchender Sorge um eine sinnvolle Form der Existenz, die ja in keiner Weise gesichert war. Die Gedanken kreisten um die Möglichkeit freien schriftstellerischen Schaffens, wobei ich an eine Symbiose biologischer Thematik in Wort und Bild dachte. Manche kleinere Versuche dieser Art, in Zeitungen und Zeitschriften verstreut, sind damals entstanden, freilich nur in bescheidenem Ausmaß, da ich genötigt war, meinen Lebensunterhalt mit zufälliger Produktion zu erwerben, um das Wesentliche, den Einblick in die Wirklichkeit des Lebendigen zu sichern.

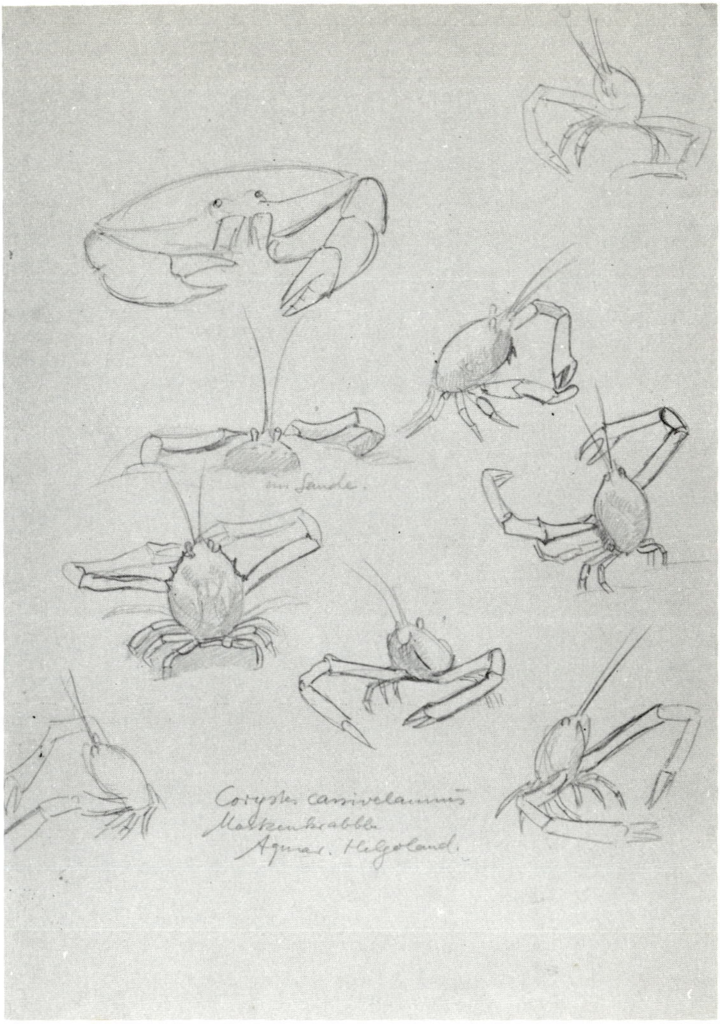
im Sande.
Corystes cassivelaunus
Maskenkrabbe
Aquar. Helgoland.

Die Berufung ins Binnenland an eine trotz der Rheinschiffahrt meerferne Wirkungsstätte machte aus einem marinen Zoologen einen Ornithologen. Aber es blieb nicht dabei. Die erste Metamorphose löste im Laufe weniger Jahre eine weitere aus: Sie zwang den Ornithologen zum Einstieg in die Probleme der Anthropologie. Das kam ganz sachte; das Besondere der Vogelentwicklung konnte nur der Vergleich mit den Säugetieren ins rechte Licht rücken, dieser aber zwang immer wieder zu Seitenblicken auf den Menschen, der in manchem den Vorstellungen von der Jugendphase hochentwikkelter Säuger widersprach.

Die Prüfung der Säugetier-Entwicklung hatte zur Gewißheit geführt, daß die Kinder aller höheren Säuger sekundäre Nestflüchter seien, daß sie im Mutterleib den ursprünglichen Geburtszustand der frühen Säugetiere durchlaufen und spät erst als sehr bewegliche, aktive Wesen mit wachen Sinnen zur Welt kommen. Extreme Beispiele: Der neugeborene Elefant mit seinem Gewicht von etwa 100 Kilo und 1 Meter Schulterhöhe, der Blauwal, dessen Säugling bei der Geburt 6 Meter lang ist. Aber auch jedes Füllen, jedes Kälbchen, ein junges Kamel oder Lama bezeugen dieses Entwicklungsgesetz. Unser eigener Werdegang folgt jedoch einem anderen Weg. Niemand wird den neugeborenen Menschen den Nestflüchtern zuordnen. Das Menschenkind, unsere ganze Individualentwicklung wird dem Zoologen zum Problem.

Daß wir den ursprünglichen Nesthockerzustand der Säugetiere im Mutterleib durchlaufen, bezeugt der vorübergehende Verschluß der Augenlider und des Gehörganges im 2. bis 5. Monat der Schwangerschaft. Wir haben diese bedeutsame Tatsache bereits hervorgehoben. Der Mensch kommt im Stadium des Nestflüchters zur Welt, wie es alle höheren Säuger kennzeichnet, wenn es auch diesem Neugeborenen wirklich nicht anzusehen ist.

Das Verhalten und die hilflose Abhängigkeit unserer Kinder sind selbstverständlich Nesthockereigenschaften. Andererseits sind Augen und Ohren offen; auch ist der gesamte neuromuskuläre Zustand viel weiter entwickelt als bei den typischen Nesthockern der primitiven Säuger. Dieser Gegensatz war der Ausgangspunkt für neue Fragen und hat mich schließlich für Jahre in die Ergründung der Frühgeschichte des Menschen hineingeführt, in die Probleme seiner Entwicklung als Einzelwesen wie auch zu der Frage nach der Evolution seiner Reifeform. Die erste Umschau in diesem Problemkreis erschien mir zunächst als ein kleiner Umweg im Gesamtplan, den ich mir entworfen hatte. Sie führte aber in ein ungeahntes Labyrinth von Fragen, und der Versuch, auf die eine und andere eine Antwort zu finden, machte schließlich diese Abschweifung zu einer der Hauptaufgaben meines biologischen Suchens.

Sind unsere Kinder Nestflüchter?

Das begann, als ich 1936/37 in einer besonderen Vorlesung die Entwicklungsgeschichte der Wirbeltiere vom Fisch bis zum Säuger im Überblick darstellen wollte. Ich hatte mir das lange Wintersemester dafür ausersehen, in dem damals unsere Hauptvorlesung ohnehin den Wirbeltieren galt. Als Abschluß war ein Blick in die Verhältnisse beim Menschen gedacht. Für dessen Vorbereitung zählte ich auf die Handbücher der Medizin, der Entwicklungsgeschichte und der Kinderheilkunde, in denen ich zu finden erwartete, was ich dann zu einer bescheidenen Apotheose dieser Vorlesung zu gestalten dachte. Die Zeit rückte näher; das Semesterende, ohnehin nie ohne besondere Spannungen, brachte diesmal noch den zusätzlichen Druck, an dieses Menschenproblem heranzugehen.

Zunächst wartete meiner eine arge Enttäuschung: Gewiß gaben die Handbücher sehr viel, doch boten sie zunächst so gut wie nichts von dem, was ich gerade für mein Problem der Sonderstellung unseres Neugeborenen brauchte. Die Unruhe wuchs, bis schließlich nach Wochen des Suchens unter Hochdruck einige merkwürdige und hilfreiche Sachverhalte ans Licht kamen, welche entscheidende Vorstellungen in Gang brachten. Ich stieß auf eine Arbeit, die mich aufregte: 1903 hatte der deutsche Kinderarzt E. von Lange darauf hingewiesen, daß das körperliche Wachstum zwischen Geburt und

Ende des ersten freien Lebensjahres genau nach den Gesetzen der fötalen Wuchsweise verläuft. Am Ende dieses Erstjahres aber beginnt die auffällige Verlangsamung der Entwicklung, die bis ins 8. oder 9. Jahr dauert und die schon früh als eine Besonderheit des menschlichen Lebens erkannt wurde. Die Eigenart unseres Wachstums im ersten Jahr, obschon 1903 bereits beschrieben, fand aber keine Beachtung, obschon, wie ich bald nachher fand, der amerikanische Anatom R. E. Scammon 1922 noch einmal auf die gleiche Tatsache hinwies. Für meine Probleme gab mir von Lange einen ersten Schlüssel.

Meine ketzerische Überzeugung, daß unsere Neugeborenen gestaltlich eigentlich Nestflüchter seien, erhielt in jener Zeit einen unerwarteten Beistand in einer Diskussion mit Kinderärzten, die sich mit Recht wunderten, warum denn eigentlich die Muttermilch bei uns nicht die typische Milch der Nesthocker ist, sondern der Nestflüchtermilch gleicht.

Es ist kein Zufall, daß Kuhmilch die Möglichkeit geboten hat, die menschliche Muttermilch einigermaßen zu vertreten, die im Gegensatz zu jener eines Hundes oder einer Katze keine sehr eiweißreiche und konzentrierte Nahrung ist: Da war also ein weiteres Problem, das zu prüfen sich lohnte.

Aber ich greife vor! Als ich 1937 meine Schlußvorlesung ausarbeitete, hatte ich zunächst das suggestive Faktum der besonderen Wuchsweise im ersten Jahr vor mir. Daß da etwas Eigenartiges vorlag, bezeugte mir ein Vergleich mit der Frühentwicklung unserer nächsten Verwandten, der Menschenaffen. Die Kurve des menschlichen Wachstums ist im Erstjahr steiler als die aller Großaffen; sie neigt sich aber vom 2. Jahr an und wird nacheinander durch die Kurven von Gorilla, Orang und Schimpanse überschnitten. Es stand mir damals auch vor Augen, daß die Eigenart unseres Erstjahres auf drei Tatsachen gründet, die ich als die »menschliche Trias« hervorzuheben suchte: Entstehung der aufrechten Haltung und des aufrechten Ganges, Vorbereitung des Spracherwerbs und Übergang aus einem weitgehend instinktiven Verhalten zu der einsichtigen Lebensform

des Menschen – also Stehen, Sprechen und Denken, wenn wir es sehr vereinfacht sagen wollen.
Aus diesen Bruchstücken baute ich damals den Abschluß einer für mich denkwürdigen Vorlesung auf. Dieser Schlußvortrag aber wurde zum Anfang einer neuen Arbeit in Jahren großer Sorge, im Schatten der Kriegsdrohung und des Zweiten Weltkrieges.

Der »Tiermensch« als Modell

Modellvorstellungen brachten eine weitere Klärung. Es galt, den Geburtszustand zu ersinnen für ein richtiges Säugetier mit einem Gehirn von menschlicher Masse und Größe – ich sage nicht: von menschlicher Qualität. Es ging um die Vorstellung vom Geburtszustand eines Tiermenschen oder eines Menschentieres! Die damals begonnenen Untersuchungen am Gehirn ergaben, daß die Gehirnmasse aller höheren Säugetiere bei der Geburt besonders weit entwickelt ist, so weit, daß später nur noch etwa eine Verdoppelung des Hirngewichts erfolgen muß. Spätere Arbeiten haben diese ersten Daten gefestigt. Der »Vermehrungsfaktor«, die Zahl, mit der man die bei der Geburt aufgebaute Hirnmasse multiplizieren muß, um das Gewicht des Adultgehirns zu erhalten, liegt bei Nestflüchterjungen zwischen 1,5 und 2,5. Das gilt für ein Pferdefüllen wie für ein Hirschkalb oder ein Lamajunges, aber auch für ein Menschenaffen- oder Makakenkind. Ganz anders beim Menschen: Der Vermehrungsfaktor für unser Hirn liegt, wenn ich das Adulthirn eher niedrig ansetze, bei mindestens 3,5; für eine höhere Hirnmasse (etwa um 1500 g) steigt der Vermehrungsfaktor bis zu einem gut begründeten Wert von 4,6, – eine Zahl, die den Nesthockertypen nahesteht, bei denen das Hirnwachstum nach der Geburt im allgemeinen das 5- bis 12fache beträgt.
Das Tierkind meiner Modellvorstellung mußte ferner die Haltung und die Bewegungsweise des erwachsenen Gruppentyps mindestens in elementarer Ausformung zeigen, also in diesem Fall eine aufrechte Haltung, den aufrechten Gang.

Wir erinnern uns, daß die aufrechte Haltung bei uns am Ende des ersten Lebensjahres erreicht wird. Zur selben Zeit hat aber auch unser Gehirn das Gewicht erreicht, das wir als kennzeichnend für den Geburtszustand hochevoluierter Säuger erkannt hatten: Annähernd die Hälfte des ausgewachsenen Hirns!
In diese gleiche Zeit fällt der Anfang der Sozialbeziehungen durch die Übernahme der Gruppensprache, der Beginn einer von uns geschaffenen, auf Tradition, nicht auf Instinkt beruhenden Verständigung. Diese Eigenschaften am Ende des Erstjahres entsprechen alle den Anforderungen an den Geburtszustand meines Modelltieres.
Damit wurde aber auch die Problematik ganz besonders spannend. Denn was ich da als Modell eines Tiermenschen entworfen hatte, das müßte sich ja bis zu diesem Punkt noch innerhalb des Mutterkörpers entwickelt haben, es müßte in diesem Zustand zur Welt kommen. Das Milieu des Mutterleibs versagt jedoch diesem besonderen Kind gewisse Möglichkeiten völlig, die für das Menschsein entscheidend sind. So kann doch im Mutterkörper keine Gruppensprache übernommen werden, dieses entscheidende Sondermerkmal des Menschen, das ja erst im Umgang mit unserer Sozialwelt erfahren und erlernt werden muß! Dasselbe gilt für den aufrechten Gang.
Je mehr ich mit diesem Modell vor Augen unser Erstjahr nach allen Seiten prüfte, desto mehr Zusammenhänge zeigten sich, welche unsere menschliche Daseinsform mit den Besonderheiten unseres Geburtszustandes und des ersten Lebensjahres verbinden.
Der Vergleich meines Tiermodells mit der menschlichen Wirklichkeit ergibt, daß unsere Geburt um ein ganzes Jahr vor der dem Modell gemäßen Entwicklungszeit erfolgt. Wir kennen die Frühzeit der Menschwerdung nicht. Doch erlaubt die Besinnung auf unsere Vergleichsvorstellung, unser Modell, manche Grundfragen einer umfassenden Lehre vom Menschen, einer Anthropologie, klarer zu sehen.
Das Entscheidende: Daß uns ein vorläufig unbekanntes Zusammenspiel von Naturfaktoren ein Jahr früher zur Welt bringt, muß

im Zusammenhang damit gesehen werden, daß die wichtigsten Eigenschaften des Menschen – die Trias Stehen, Sprechen, Denken – sich nur im Kontakt mit der Sozialwelt herausbilden können. Die Mitwirkung einer Menschengruppe mit ihrer Tradition ist die erste Voraussetzung für die Normalentwicklung des einzelnen Menschen.

Das ist nicht eine zufällige Kombination: Unser Sozialkontakt ist obligatorisch!

Ist die Mithilfe der Gruppe, die liebevolle Umhegung des Neugeborenen nicht gesichert, dann entwickeln sich Haltung, Sprechen, Seelenleben und Denken in Bahnen, die nicht zur vollen Menschlichkeit führen. Auch das Aufrichten spielt sich unter der Anregung durch die Eltern ab, und der Stolz des Kindes ist deutlich, wenn es seine ersten Schritte versucht. Die Anregung dazu ist eine notwendige Voraussetzung, eine Aufgabe der Gesellschaft. Ähnlich hängen das Sprechen, d.h. die Übernahme der Wortsprache wie auch das einsichtige Verhalten von der Anwesenheit einer intakten Gruppe mit ihrem durch die Wortsprache bestimmten Verhalten ab.

Die Einsicht in die Zusammenhänge von Entwicklungsweise und Lebensform festigte sich nach 1937 – aber der Zweite Weltkrieg, der für mich 1939 mit langem Grenzdienst begann, verhinderte zunächst ein ruhiges Weiterforschen. Erst 1942 konnte ich einen Vortrag veröffentlichen, den ich vor Berner Studenten gehalten hatte: Ein Vorläufer der ausführlichen »Biologischen Fragmente zu einer Lehre vom Menschen«, die 1944 als Buch erschienen, die aber erst lange Jahre nach dem Krieg zu einer weiteren Auswirkung kamen.

Entscheidend für die spätere Verbreitung meiner Vorstellungen über die Eigenart des Erstjahres war die Übernahme meiner »Fragmente« in die Taschenbuchausgabe in »Rowohlts deutscher Enzyklopädie« im Jahre 1956, wo das Werk unter dem Titel »Zoologie und das neue Bild vom Menschen« weite Verbreitung gefunden hat.

Auf dem Weg zur artikulierten Sprache

Die Arbeit an den Grundfragen von 1944 geht weiter. Wie viele Ansichten übernimmt man; sie erscheinen richtig oder befriedigend, und das eigene Interesse gilt im Augenblick anderen Fragen, bis ein neuer Blickpunkt gewonnen und manches wieder fraglich wird.

So ist noch in den letzten Jahren auf einmal das Problem des menschlichen Kehlkopfes und der Bildung einer artikulierten Sprache neu zu einem Zentrum für meine Besinnung auf die Rolle des ersten Lebensjahres geworden. Wieder waren Arbeiten über andere Säuger der Ausgangspunkt. Ich ging den Einrichtungen nach, die bei einzelnen Säugerarten, so bei Beuteltieren, den Mund des Neugeborenen mit der mütterlichen Zitze zeitweilig verwachsen lassen. Die allgemeinere Tatsache des Trinkzwanges unmittelbar nach der Geburt führte mich aufs neue zum Grübeln um das Problem des Saugens und Säugens, dieses so entscheidenden ersten Aktes der nachembryonalen Entwicklung – der den Zoologen wichtig genug erschien, um einer großen Tierklasse den Namen »Säugetiere« zu geben.

In jenen Jahren hat eine Mitarbeiterin, Dr. Fabiola Müller, dieses Problem, von meinen Vorstudien ausgehend, in selbständiger Forschung intensiv bearbeitet. Die Frage nach der Entstehung dieses Entwicklungsweges weist uns zurück in unzugängliche Vorzeiten, in Bereiche, wo keine Hoffnung auf versteinerte Zeugnisse besteht und nur ein vorsichtig abwägendes Auswerten der Beobachtungen an heutigen Säugetieren Aussagen über die Frühzeit des ganzen Stammes erlaubt. Wie unsicher ist das alles – und doch brauchen die Biologen auch diese Aussagen über Geschehnisse im Zwielicht oder Dunkel. Die Ungezählten, die wissen möchten, »wie es wohl war«, brauchen die Grenzgänger, die sich in Zonen der Forschung wagen, wo sich eine experimentelle Gewißheit nie erreichen läßt, wo aber der Mut zu ergänzenden Synthesen mit am Werk ist.

Im Zentrum stand damals die eigenartige Tatsache, daß unser Kehlkopf in den ersten Jahren seine Lage verändert: Er sinkt ab und kommt schließlich um etwa ein bis zwei cm tiefer zu stehen als im Augenblick der Geburt. Das neugeborene Menschenkind hat einen hochgestellten Kehlkopf, einen Kehldeckel (die Epiglottis der Anatomen), um den herum der Milchstrom direkt in die Speiseröhre fließen kann, während die Luftzufuhr von der Nase durch den Kehlkopf zur Lunge ungestört bleibt. Nahrungsweg und Luftweg sind getrennt, ein Zustand, der bei den Säugetieren im allgemeinen zeitlebens durchgehalten wird. Das Phänomen war zwar schon lange bekannt, aber die genauen Einzelheiten sind erst im Laufe der Jahre voll beachtet worden. Auch meine ursprüngliche Darstellung nahm den Abstieg des Kehlkopfes nach der Geburt als eine Begleiterscheinung des Ausformens unserer aufrechten Haltung hin. Diese Deutung wurde von amerikanischen Forschern noch um 1959 aufs neue betont.

Erst wichtige zusätzliche Studien, etwa seit 1967 in Amerika von Philip Lieberman und seinen Mitarbeitern durchgeführt, haben die Bedeutung dieses Abstiegs geklärt. Sie konnten zeigen, daß der Erwerb einer Wortsprache, einer Kommunikation mit komplizierten Konsonanten und Vokalbildungen, nur möglich ist, wenn der hintere Rachenraum der Mundhöhle erweitert wird, so daß sich die große Beweglichkeit unserer Menschenzunge nach dieser Richtung auswirken kann. Die neuen phonetischen Untersuchungen haben nachgewiesen, daß schon unsere nächsten tierischen Verwandten nicht fähig sind, unsere Vokale präzise zu bilden. Die Sprachfähigkeit ist eine Eigenart des Menschen und als solche bereits mitbedingt durch Struktur und Entwicklung seines Kehlkopfes; sie ist nicht eine reine Sonderleistung unserer Hirnstruktur.

Die amerikanischen Studien über die strukturellen Voraussetzungen der Sprache brachten das Nachsinnen über dieses Grundproblem der Menschwerdung wieder in neue Bewegung. Meine anthropologische Arbeit suchte diese Anregungen; sie hatte sehr wenig eigene Forschungen am Menschen zur Grundlage – mein eigenes Arbeitsfeld blieb die tierische Organisation, welche mich natürlich dauernd

zwang, die medizinische und anthropologische Literatur gründlich zu prüfen.
Die Forschungen der Arbeitsgruppe um Philip Lieberman rührten an Grundpfeiler der wissenschaftlichen Tradition. Die ersten Anatomen, welche Menschenaffen wirklich untersuchten (C. Perrault in Frankreich, 1676; E. Tyson in England, 1699) hatten ihre Kollegen und die Nachwelt überzeugt, daß der Sprachapparat der großen Affen dem unsrigen gleich sei, daß also die Unfähigkeit zur Sprache nicht vom Instrument bedingt sei, sondern auf der anderen Organisation des Gehirns beruhen müsse. Diese Ansicht traf mit der Auffassung des Philosophen René Descartes (1596–1650) zusammen, daß die Ausformung des Organs der Weltbeziehung, des Gehirns, Mensch und Tier unterscheide. Philosophie und Anatomie stützten sich gegenseitig. Es nützte wenig, daß der holländische Anatom Petrus Camper 1779 die Angaben der älteren Anatomen bestritt. Das Problem war auf lange Zeit »abgeklärt«. Es brauchte den Anstoß der letzten Jahre, um einen entscheidenden Irrtum im Denken um das Sprachproblem zu entdecken.

Neues Licht auf die Sprachformung

Neue Grenzgänge führten wieder ins Unvertraute; erstarrende Grenzen mußten überschritten werden. Ich wurde dazu gedrängt durch die Vision einer vollen menschlichen Tragzeit, die bis ans Ende des ersten Lebensjahres reicht und die durch das unbekannte Geschehen unserer Evolution in zwei Teile gegliedert worden ist: In die Schwangerschaft im Mutterleib und in eine zweite Periode nach der Geburt, das Jahr des sozialen Uterus, das hinüberführt in die eigentliche Kindheit.
Die Sicht auf die verborgene Einheit einer wahren »Tragzeit« des werdenden Menschen gibt den Blick frei für neue Erwägungen über die Sprachformung. So zeichnet sich in Umrissen ein längeres Vorstadium des eigentlichen Sprechens ab, das bereits im Mutterleibe mit der Fähigkeit zum Hören und der Entwicklung des Kehlkopfes

um die 27., 28. Woche einsetzt, eine Periode, in der manche Leibgeräusche wahrgenommen werden, in der aber vor allem der Herzschlag der Mutter gehört wird. Durch Einzelerfahrungen bei Operationen wissen wir, daß um jene 28. Woche, falls der Keim der Luft ausgesetzt ist, auch leise Töne erzeugt werden. Antworten auf Hörreize von außen sind durch Röntgenaufnahmen nachgewiesen. Den Einfluß des Herzschlages haben amerikanische Experimente der jüngsten Zeit geprüft; sie ergeben, daß die Säuglinge in Räumen, in denen der Doppelrhythmus des Mutterherzens regelmäßig ertönt, ruhiger sind und im allgemeinen mehr an Gewicht zunehmen als in einem Milieu ohne Herztöne. Vor allem aber zeigen diese Versuche, daß die positive Wirkung bei Frühgeborenen intensiver sein dürfte. Im Gegensatz zum Sehen, das erst nach der Geburt reichere Nahrung erhält, empfängt das Ohr monatelang bevor es »zur Welt kommt« bereits regelmäßige Reize.

Diese Beobachtungen werfen neues Licht auf die frühe Lallperiode nach der Geburt, die man heute einzugliedern sucht in eine längere erste akustische Lehrzeit: Das Lallen wäre damit u. a. angeregt durch vorgeburtliche Reize. Ja, die Gedanken gehen weiter und kreisen auch um die vertraute Tatsache, daß später in den ersten deutlicher artikulierten Lautgebilden die seltsamen Zweisilber wie Pa-pa, Ma-ma, Do-do, Da-da usw. auffällig vorwiegen. Man wagt den Schluß auf eine dauernde Anregung durch das lange Erleben des Doppeltons, den das mütterliche Herz erzeugt: Der Herzrhythmus der Mutter erscheint in dieser Sicht geradezu als eine erste eigentliche Muttersprache – verglichen damit ist die spätere Übernahme der Gruppenlaute viel mehr die Einordnung der »Muttersprache« in eine »Vatersprache«. Die ersten Lautgebilde sind wohl nicht einfach ererbte Äußerungen, sondern bereits im Mutterleib erworbene Leistungen. Schon vor der Geburt beginnt die für uns Menschen so wesentliche Zusammenarbeit von Erbanlagen und prägenden Einflüssen der Umgebung.

Die Gliederung der individuellen Sprachentwicklung gibt der mehr oder weniger deutlichen stillen Periode etwa um den 5. und 6. Monat des ersten Jahres eine größere Bedeutung – trennt sie doch die vorsprachliche Lautbildung vom besonderen Erwerb der von der Tradition geformten Sozialsprache.

Diese schärfere Sondierung führt zu einem weiteren Gedankenkreis, an den wir schon gerührt haben, als wir die Eigenheiten des Geburtszustandes eines Menschentieres zu ermitteln suchten. Wir stellten zunächst fest, der neugeborene Tiermensch müßte um die 750 g Hirngewicht haben, etwa die Hälfte der ausgeformten Hirnmasse. Diese Zahl muß ich vergleichen mit der Hirnmasse, die man dem primitiven Menschen mit echter Sprachfähigkeit zuordnet: etwa 900 g, also das Hirngewicht, das wir am Ende des Erstjahres, in der Zeit des Spracherwerbs aufweisen. Erwägungen über die Bedeutung dieser Hirngröße beschäftigen uns Morphologen und Embryologen, aber auch den Erforscher der Vorgeschichte des Menschentypus. Ein Blick auf die frühesten Dokumente ist vielsagend: Die Schädel der südafrikanischen Australopithekinen – sind es Vor- oder Frühmenschen? – bezeugen kaum mehr als etwa 750 g Hirnmasse. Die Forscher neigen zur Annahme, es sei diesen Frühformen die eigentliche humane Sprachfähigkeit versagt gewesen. Dagegen erreichen die Java- und Chinamenschen, sicher eigentliche Frühmenschen, mit um 1000 g Gehirnmasse eine Stufe, auf der Sprache verwirklicht war.

Wenn ich mir für einen Augenblick einen sehr grobmechanischen Vergleich erlaube, so darf man vielleicht sagen: Für die Möglichkeit einer einfachen sprachlichen Verständigung braucht es nervöse Strukturen von Zellen und Zellfasern, deren Komplikation erst bei einem solchen Volumen vom Wirbeltierorganismus gebildet werden können. Das ist – nebenbei – auch die Hirnmasse, mit der ein junger Delphin der Gattung Tursiops zur Welt kommt – eine Delphinart, über deren hohe Hirnentwicklung und reiche Sozialbeziehung wir recht gut Bescheid wissen.

Unser erdachtes Modell des neugeborenen Tiermenschen mit seinen 750 g Hirn spielt mit in einem weiten Gedankenkreis um das Problem der Menschwerdung. Ein ernstes Spiel!

Das Suchen im Labyrinth der humanen Sonderart, in das ich 1937 eintrat, geht weiter. Entscheidend für die wachsende Bedeutung dieses Anteils meiner Arbeit war der Umstand, daß ich im täglichen Unterricht junge Hörer vor mir hatte, in der Mehrzahl Mediziner, denen wohl mehr daran gelegen sein mußte, von der Eigenart unseres Menschseins zu hören, als eine Menge Spezialkenntnisse aus dem tierischen Entwicklungsbereich zu erwerben, wie sehr auch dieser letztere für mich selbst die unumgängliche Vorstufe gewesen war, um den Kontrast des Menschlichen überhaupt eindringlicher zu erleben und forschend zu verfolgen.

Es ist nicht leicht, voll zu erfassen, was die Notwendigkeit des Unterrichts als dauernde Anregung während der Jahrzehnte bedeutet. Jetzt aber, wo ich die Ergebnisse dieser anthropologischen Arbeit in späten Jahren zusammenzufassen suche, denke ich mit besonderer Dankbarkeit an diese große Möglichkeit der Hochschularbeit zurück.

VI
DIE SONDERSTELLUNG DES MENSCHEN

Roscoff im Februar 1923 – die Skizze führt meine Gedanken weit zurück in die Bretagne, wo ich vom Dezember 1923 während etwa fünf Monaten im »Laboratoire Lacaze-Duthiers« gearbeitet habe. Das Labor war in jenen Jahren noch nicht für den Winter eingerichtet, und ich der einzige wissenschaftlich Tätige in diesem Haus, das im Sommer voller Leben ist. Den Winter hatte ich gewählt, weil die vom Golfstrom begünstigte Küste in dieser Jahreszeit für die Entwicklung von Tiergruppen günstig war, die mich lebhaft interessierten: manche Fische, vor allem aber viele Mollusken legen ihre Eier in dieser Zeit.

Ein Turmzimmer, in dem ich mich am Kaminfeuer wärmen konnte, ermöglichte neben der Arbeit im Labor ausgiebiges Studium der reichen Bibliothek – nie vergessene Stunden im Umgang mit den klassischen Arbeiten der Meeresforschung. Auf den ersten Laich eines Kalmars, der Ende Februar vom Meer gebracht wurde, war ich durch diese abendlichen Studien vorbereitet. Mit welcher Spannung habe ich diese Bündel halbdurchsichtiger Laichstränge erwartet! Ich hatte zwar damals keine besonderen Arbeitspläne, welche diesen Tintenfischen galten – wichtig war, die größten dotterreichen Eier von Mollusken lebend zu studieren, da mich die verschiedenen Einrichtungen zum Abbau und zur Verarbeitung der Dottermassen besonders interessierten.

Es war eine reiche, erfüllte Zeit, die ich im milden silbergrauen Winter der Bretagne verbringen durfte, so reich, daß ich auch in späteren Jahren oft wieder zur selben Zeit in Roscoff gearbeitet habe, im vertrauten alten Labor, in dem die »Zoologie« nach dem Bau des großen modernen Instituts geblieben ist.

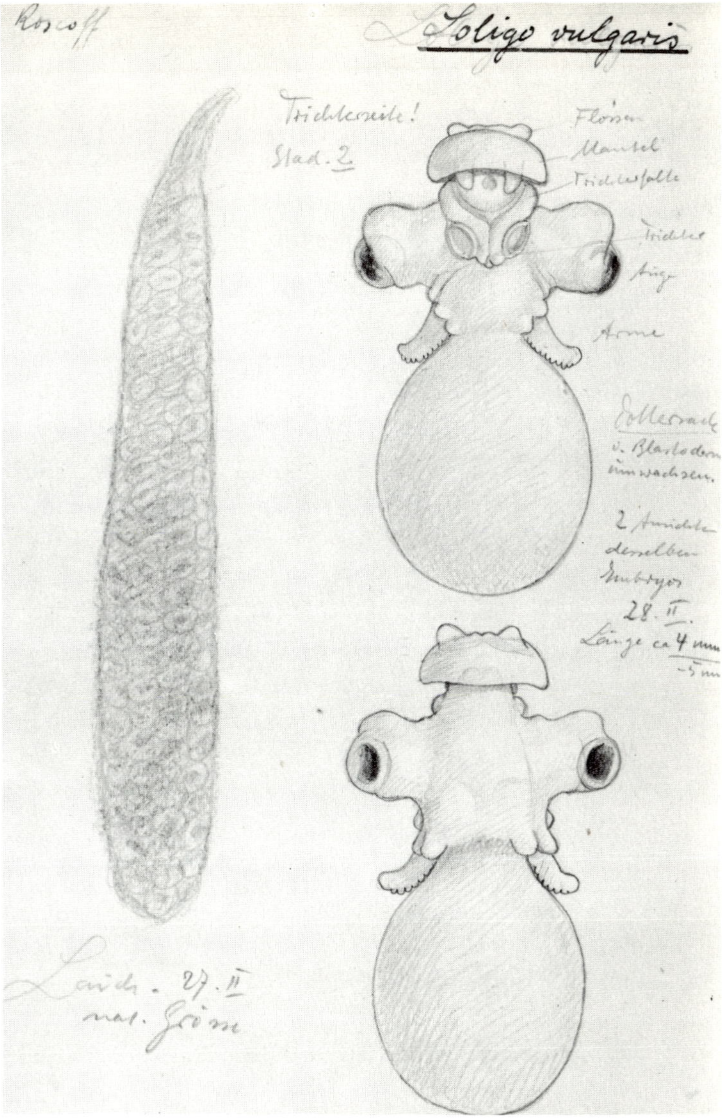
Roscoff
Loligo vulgaris
Trichterseite!
Stad. 2
Flossen
Mantel
Trichterfalte
Trichter
Auge
Arme
Dottersack
v. Blastoderm
umwachsen.
2 Ansichte
desselben
Embryos
28. II.
Länge ca 4 mm
-5 mm
Laich. 27. II
nat. Grösse

Um 1944 war es möglich geworden, die Eigenart des ersten Lebensjahres des Menschen zu erkennen und dieses extra-uterine Sonderjahr von den sonst für Säugetiere geltenden Entwicklungswegen klar abzuheben. Dabei bin ich im Bereich der Tatsachen geblieben, die nachprüfbar sind, ohne auf die Faktoren einzugehen, die zu diesem besonderen Entwicklungszustand geführt haben könnten. Zuerst mußte ich doch dessen gewiß sein, was an unserer frühen Entwicklung wirklich Eigenständiges ist.

Es hätte nahegelegen, die einigermaßen gesicherten Eigenheiten unserer Individualentwicklung im Sinne der weithin angenommenen Theorie des Neodarwinismus zu ordnen und sie in die zur Zeit dominierenden Vorstellungen der Hominisation einzugliedern.

Zwei Hauptgründe hielten mich davon ab. Einmal ein tiefes Gefühl, daß die gegenwärtig angebotenen Auffassungen wesentliche Züge der menschlichen Sonderart keineswegs in ihrer Herkunft erklären können. Dabei denke ich zunächst an die Wandlung einer stark umweltgebundenen tierischen Lebensform zur humanen Weltoffenheit, aber auch an das Geheimnis der menschlichen Sprache und damit der Geschichtlichkeit unseres Daseins, um nur das Außerordentlichste zu erwähnen. Überdies aber – ich werde darauf noch öfter zurückkommen müssen – sind mir im Laufe der eigenen Arbeit mit dem Problem der organischen Gestalt und Erscheinung die heute angebotenen Erklärungsversuche völlig ungenügend erschienen. Das ist wohl bereits deutlich geworden in meinem Bericht über Darwins Sorgen um ein Verständnis für die Entstehung des Pfauenrades oder der Federpracht des Argusfasans.

Meine Zurückhaltung gegenüber dem Angebot an theoretischen Erklärungen der Evolution im allgemeinen und des Geschehens der Menschwerdung im besonderen ist beträchtlich verstärkt worden durch mein Bedürfnis nach Einblick in die Folge der Bilder, die sich der Mensch von seinen vermuteten Ahnen und seinen höchsten Verwandten, den großen Affen der fernen tropischen Wälder im Laufe der Zeiten gemacht hat.

Im 17. und auch noch im 18. Jahrhundert sah das Abendland die befremdlichen menschenähnlichen Affen als »Waldmenschen«, als Verwandte, wobei die christliche Überzeugung nicht an Abstammung dachte, sondern an eine rätselhafte Beziehung, geschaffen durch den Willen des Schöpfers. Der schaffende Gott hat den Waldmenschen manches vorenthalten, doch hat er sie auch vor den Gefahren der Kultur bewahrt. Wenn Reiseberichte über Entführung von Frauen oder Kindern durch diese Waldwesen berichten, so wird auch erzählt, daß die Geraubten als harmlose Gesellschafter unter den »Satyrn« gelebt haben. Aufrecht, friedlich, auf einen Stab gestützt, so finden wir die Menschenaffen auf vielen alten Bildern – aus allen spricht das Grundgefühl, einer besonderen Art von Menschen gegenüberzustehen. Sie sind denn auch von Linné in unsere Gattung Homo als »Nachtmenschen« eingegliedert worden.
Ich möchte ein Album zusammenstellen, das uns die Bilder dieser geheimnisvollen Brüder im Urwald vor Augen führt. Da würde dann ein drastischer Umschwung so recht deutlich, den die Vorstellung vom Menschenaffen im 19. Jahrhundert erfahren hat: Das Bild wird tierischer. Gorilla und Orang entblößen ihr Gebiß, dessen Raubtierzüge betont werden. Nicht den Wanderstab halten diese Bestien, sondern Knüttel oder Baumstrunk, zuweilen einen großen Wurfstein. Aus dem melancholischen Blick eines enterbten Bruders, wie ihn die alten Bilder zeigen, ist der Ausdruck höchster Kampfbereitschaft geworden. Jetzt ziehen in die Kunst die menschenraubenden Riesenaffen ein. So hat der französische Bildhauer Frémiet Plastiken geschaffen, die den Menschen als ohnmächtiges Opfer des wilden Räubers darstellen. Die Darstellungen boten seinerzeit, was heute die Gruselfilme übernommen haben. Sie sind mir als Holzschnitte in den Familienblättern meiner Jugend begegnet. Später habe ich sie in den Lebensbildern des Gorillas in vielen Museen bestätigt gefunden.
Diese neue Vorstellung vom Menschenaffen war aber gar nicht das Ergebnis tieferer Einsicht in das Leben unserer fernen Verwandten.

Wie wenig wußte man über sie in jener Zeit! Die Verwandlung des Waldmenschen in eine bedrohliche Bestie war eine der vielen Folgen des neuen Denkens über den Ursprung des Menschen, wie es sich in der ersten Phase des Darwinismus verbreitet hat.
Wir wollen die Situation nicht zu einfach sehen: Nicht »der Darwinismus« verwandelt das Bild – tiefe Veränderungen des Denkens schufen ein neues geistiges Klima im Abendland, eine Stimmung, welche den Glauben an die alten Überzeugungen erschüttert und sowohl am Denken Darwins mitformte als auch den Kampf gegen die Kirchen und den Aufstieg des Sozialismus begünstigen mußte. Es ist vielleicht gut, sich darauf zu besinnen, daß um 1842–1844 Charles Darwin in England bereits die erste Fassung seiner Abstammungslehre geschrieben hat, während Karl Marx in Paris sein frühes Bild vom Wesen des Menschen im Geist eines neuen Sozialismus entwarf – völlig unbeeinflußt von Darwin, viel eher im Geiste von Jean-Jacques Rousseau. Weder Darwin noch Marx bewirkten unmittelbar die Wandlung des Bildes vom Menschenaffen – die Überzeugung von der Höhe des Kulturmenschen, der vom Tier abstammt, begünstigte die Vorstellung einer brutalen, aggressiven Ahnenform. Die frühen Bilder vom »Urmenschen« entsprechen daher auch ganz dem Phantasiebild, das dem gesitteten Bürger die großen Affen vor Augen stellte.
Der Aufstieg, der Fortschritt unserer Lebensform wurde so viel drastischer. Wie damals der Gorilla gesehen wurde, so schreitet auf manchen frühen Bildern der Urmensch einher; Knüttel oder Wurfstein in der Hand, eine Art Mittelding zwischen brutaler Bestie und den verkommensten Menschen aus unserem heutigen Erfahrungskreis.
Heute erleben wir eine neue Wandlung. Sie ist wiederum das Ergebnis sehr verflochtener Vorgänge im Denken und Erleben der Gegenwart. Sie ist geprägt durch neues Wissen um das Leben der großen Affen der Tropen, neue Erfahrungen der Verhaltensforschung am Tier, die Licht auf manche Züge des menschlichen Wesens werfen, dazu die Erkenntnis um die entsetzlichen Möglichkeiten unse-

res eigenen Tuns, eine Erkenntnis, die uns verbietet, das Tier brutal zu nennen und uns nötigt, diesen Ausdruck für die Grausamkeit des Menschen zu reservieren.

Was wissen wir vom Menschenaffen?

Wie spät und wie langsam sich unser Einblick in das Leben der großen verwandten Menschenaffen bereichert hat, das bezeugen die Schritte, die in den Jahrzehnten meiner zoologischen Arbeit getan worden sind. In der Zeit, da ich noch als Gymnasiast im zoologischen Labor der Universität Hilfsdienste leistete, im Jahre 1915, wurde in Habana das erste Schimpansenkind in einem privaten Tierpark geboren. Um 1939 lasen wir die Berichte über Buschi, das Orangkind im Zoologischen Garten zu Leipzig. Zu einer Gorillageburt im Beobachtungsbereich des Menschen kam es 1956 in Columbus (Ohio), zur zweiten 1958 in Basel. Erst gegen Ende der fünfziger und besonders intensiv in den sechziger Jahren geschah der eigentliche Durchbruch zu einer Kenntnis des Lebens der großen Affen in der Wildnis.

Was wußten wir vom Schimpansen vor den Forschungen des Holländers A. Kortlandt und der jungen Engländerin Jane Goodall (jetzt Mrs. van Lavick), was vom Gorilla, bevor George Schaller (1963) und jüngst Diane Fossey, beide aus den Vereinigten Staaten, dieses Leben im fernen Urwald erschlossen haben? Als ein einsamer Vorkämpfer für ein neues Lebensbild des Gorillas wagte es schon in den zwanziger Jahren der Tierplastiker und Forscher Karl Akeley, aufgrund jahrelanger Erfahrung in Afrika das gewaltige dunkle Tier auf allen Vieren schreitend in amerikanischen Museen darzustellen.

Die neuen Einsichten haben meine Zurückhaltung gegenüber den heute angebotenen Deutungen des Verhältnisses von Menschenaffen und Menschen keineswegs geändert. Ich sehe in diesen Angeboten noch zu sehr das immer erneute Bedürfnis, die Abstammungslehre gegen Vorurteile der christlichen Überlieferung des

Abendlandes zu verteidigen, als gelte es wirklich, die Verwandtschaft von Menschen und Affen zu beweisen, eine Wirklichkeit, die seit Urzeiten jedem Menschen vor Augen, trotzdem als rätselhaftes Faktum erlebt wird. Je klarer sich die menschliche Lebensform in das Lebendige schlechthin eingliedert, desto schärfer heben sich die Eigenheiten des Menschen ab. Sie müssen in dieser Besonderheit voll erkannt werden. Erst umfassendes Wissen zeigt uns, was eine Theorie über die Evolution des Menschen eigentlich erklären muß. So drängte es mich, diesen humanen Zügen nachzugehen, insbesondere den Fragen, die unser Erstjahr aufgibt. In einer Zeit, in der die Reduktion des Humanen auf den »nackten Affen« zu einer Modetorheit geworden ist, dürfte ein solcher Versuch wohl nicht ganz abwegig sein.

Wie gerne weist man immer wieder auf die vielen Ähnlichkeiten hin, welche insbesondere die Kindheit der großen Menschenaffen mit der Frühzeit des menschlichen Neugeborenen verbinden. Weil ich diese Korrespondenzen erwarten darf und nicht erstaunt sein kann, wenn neue Beobachtungen sie bestätigen, habe ich mich den Kontrasten zugewandt, die mir aufschlußreicher erschienen. So fesselt mich der Umstand, daß etwa um den 9. Monat des ersten Jahres besonders eindrücklich der Eigenweg des Menschen sich manifestiert, der unserem Keim vom Moment der Befruchtung angeboren ist, während das Menschenaffen-Kind nun seine andere Wesensart ebenso drastisch zeigt. Dem Problem dieser Divergenz gelten meine Fragen.

Das erste dieser trennenden Merkmale: Beim höheren Tier beobachten wir als wichtigste Kommunikation eine Verständigung innerhalb der Art, die im wesentlichen auf angeborenen, wenig anpassungsfähigen Instinkten beruht. Im menschlichen Leben dagegen ist die wesentliche Kommunikation durch die Sprache eine erlernte.

Da ich gegen alle leichtfertigen schematischen Trennungen von Mensch und Tier kämpfe, so bedarf der eben hervorgehobene Kontrast einer Erläuterung. Wer es sich zur Aufgabe gemacht hat, den Menschen in seiner tierhaften Gebundenheit zu sehen, der wird in unserem Verhalten viel Angeborenes vorfinden, das sich zu einem sehr eindrücklichen Bild gestalten läßt. Diese Art der Bestätigung der tierischen Ahnen wird heute gern gepflegt und ist um so wirksamer, als das Wunder der Sprache dabei ganz vernachlässigt bleibt. Und wer andererseits nach Zügen nichtinstinktiven Lernens bei den Menschenaffen sucht, wird viele sehr eindrückliche Verhaltensformen finden, die nicht erblich gesichert sind, sondern in der recht langen Kindheit durch Nachahmung erworben und gefestigt werden. Beides, die instinktiven Bindungen bei uns wie auch die dem Lernen offenen Möglichkeiten des Tieres, bezeugt unsere Verwandtschaft, darf aber nicht über die entscheidende Tatsache hinwegtäuschen, daß wir erst zum Menschen, zum vollen sozialen Menschen werden, indem wir die Sprache erlernen, die von der Gruppe geformt ist, in der wir heranwachsen.

Umweltbindung und Weltoffenheit

Ein zweiter Kontrast: Der engen Begrenztheit der Interessen beim Tier steht gegenüber unsere große Freiheit und Beliebigkeit der Zuwendung. Das Tier vermag sich nur in beschränktem Maße von seinen triebhaften Bindungen zu lösen, während ich selber mich in jedem Augenblick irgendeiner noch so geringfügig erscheinenden Sache zuwenden und ihr unter Umständen meine ganze Aufmerksamkeit, meine ganze innere Teilnahme widmen kann. Unsere Wissenschaften beruhen ja auf solcher Beliebigkeit der Interessen. Wir müssen diese Eigenart in ihrer ganzen Größe erfassen. Wenn man in der tierhaften Neugier etwas wie eine Vorstufe sehen will, so muß man aber auch das rasche Erlöschen der Neugier recht einschätzen und nicht glauben, man habe im »Suchen« bereits die eigentliche Wurzel des geistigen Verhaltens gefunden.

Daraus ergibt sich eine umfassendere Kennzeichnung. Das Leben des höheren Tieres ist stark an eine bestimmte Umwelt gebunden, während die Lebensform des Menschen eine so strenge Bindung nicht kennt. Gewiß sind auch Menschengruppen in einem bestimmten Milieu historisch verwurzelt, und diese Beziehung kann sehr mächtig sein. Die grundsätzliche Fähigkeit aber, Ort und Lebensform zu ändern, ist denn doch etwas für den Menschen Spezifisches. Schon im 18. Jahrhundert wurde für diese Weite des menschlichen Denkens und Tuns die Bezeichnung des »Weltoffenen« gewählt, und diesen Begriff wollen wir denn auch der »Umweltbindung« des Tieres entgegenstellen.

Noch einmal: Wir dürfen uns nie von unseren eigenen Abgrenzungen gefangennehmen lassen. Wenn ich vom umweltgebundenen Tier spreche, so heißt das nicht, daß nicht auch ein Tier sich an Neues anzupassen vermöchte. Wenn ich vom weltoffenen Menschen spreche, so weiß ich nur zu gut, wie sehr auch wir in einem zuweilen unheimlichen Maß begrenzt und borniert sein können. Das darf uns aber nicht daran hindern, der besonderen Möglichkeit unseres geistigen Offenseins den richtigen Namen zu geben.

Umweltbindung und Weltoffenheit äußern sich noch in einem auffälligen weiteren Gegensatz. Wir Menschen bauen eine materielle Eigenwelt auf, was beim Tier nur in beschränktem Ausmaß geschieht. Ein Vogelnest ist gewiß eine instinktive Sonderleistung, die in die Natur ein artgemäßes besonderes Gebilde setzt; aber die Veränderung in der Welt, die ein solcher Nestbau oder entsprechende Gewohnheiten anderer Tiere – etwa die Bauten der Termiten, Bienen, Wespen – anrichten können, ist nicht zu vergleichen mit der planetaren Umgestaltung, die von der menschlichen Technik ausgeht. Wir erleben sie ja bereits als eine von uns verschuldete Bedrohung der eigenen Daseinsart. Das rasche Tempo der geschichtlichen Umwälzungen in der menschlichen Kultur beruht darauf, daß unsere Sprache, die erlernbare Kommunikation, sehr bedeutende Umwandlungen von einer Generation zur nächsten ermöglicht. Jede Generation fängt damit an, die gerade in diesem Zeitpunkt gegebene Lebensform zu übernehmen und zugleich auch umzugestalten. Das ist es, was wir »geschichtlich« nennen.

Ein vergleichbarer Wandel ist im Tierreich unbekannt. Ich denke etwa daran, wie über unseren Großstädten im Sommer die Mauersegler, die Spyren, wie wir sie nennen, ihre Kreise ziehen, bis sie im Hochsommer in Richtung Süden verschwinden, um im folgenden April zurückzukehren. Sie haben das sicher schon getan, als die römischen und griechischen Städte entstanden, als die gotischen Kathedralen und später die Barockschlösser gebaut wurden. Die Segler haben wohl seit undenkbaren Zeiten auch in menschlichen Wohnbereichen genistet, aber das hat in keiner Weise ihre Lebensgewohnheiten beeinflußt. Von einer wahren »Geschichtlichkeit« ist in ihrem Leben nichts zu finden.

Es gibt freilich beim Tier auch Anklänge an Tradition, die wir aber genauer von der unsrigen sondern müssen. Vor noch nicht allzu langer Zeit, vielleicht vor einem Jahrhundert, waren in vielen unserer Großstädte die Möwen, die wir jetzt alle auf unseren Flüssen und Seen überwintern sehen, in der Winterzeit nicht da; sie haben aber doch diese neuen Winterquartiere gefunden. Es gibt also ein gewisses Eingreifen unserer eigenen Geschichtlichkeit in andere Lebensformen. Das Wesen der Möwen ist aber nicht verändert worden. Die Änderungen ihrer Lebensweise beruhen darauf, daß mehrere Generationen in sozialer Bindung zusammenleben, wodurch oft recht zufällige Wandlungen des Verhaltens von der neuen Generation nachgeahmt werden.

Die Vorstufen der Menschwerdung

Das Herausheben unserer menschlichen Sonderart ist mein stetes Anliegen, um gegen allzu leichtfertiges Herleiten unseres Verhaltens aus tierhafter Vorstufe gerüstet zu sein. Aber wir müssen schließlich doch das Überschreiten von Grenzen ernsthaft erwägen, so auch den Übergang vom Tier zum Menschen. Wenn wir mit der überwältigenden Majorität der naturwissenschaftlich Einsichtigen annehmen, daß die menschliche Lebensform sich aus Vorstufen tierischer Art entwickelt hat, dann muß ja auch der ganze Komplex, den wir soeben als »menschliche Sondermerkmale« zu kennzeichnen versuchten, aus dieser Tierheit herausgewachsen sein. Es muß der Wechsel von der Begrenztheit der instinktiven Orientierung in die erstaunliche Beliebigkeit unserer Zuwendung, der Übergang aus Umweltgebundenheit in Weltoffenheit stattgefunden haben. Aus einer geschichtslosen Lebensform muß eine geschichtliche entstanden sein, deren Konsequenzen wir ja heute täglich mehr und mehr in düsterster Weise erfahren.

Mein Versuch, die Eigenart des menschlichen Erstjahres nach der Geburt hervorzuheben, zwingt auch zu einer Deutung der möglichen Herkunft dieser Sonderart, ein Problem, das uns mitten hineinführt in die Frage nach der Evolution dessen, was wir die geistige Beziehung zur Welt nennen.

Beim Suchen nach dem geheimnisvollen Übergangsfeld vom Tier zum Menschen mußten selbstverständlich die Dokumente, welche die Erforschung der Vor- und Frühformen ans Licht brachten, ihren Platz in unseren Erwägungen finden. Jahre intensiven Anteils an paläontologischer Arbeit waren notwendig. Sie sind für mich besonders reich geworden durch den Glücksfall einer Entdeckung, die ich aus nächster Nähe und in freundschaftlicher Teilnahme erleben durfte: Dr. Joh. Hürzeler vom Basler Naturhistorischen Museum hat durch das Wiederauffinden eines menschennahen Affentypus in der Toscana, von Oreopithecus, der schon 1862 beschrieben worden war, einen bedeutenden Beitrag zur Diskussion der Hominisation geleistet, zu einer Diskussion, die mich selber mitten in die praktischen aktuellen Probleme der Forschung hineinführte und in die offenen Fragen nach der Erdperiode, in der sich die Sonderung der Menschenaffen von der Linie der Hominiden vollzogen hat.

Ich muß übrigens daran erinnern, daß Charles Darwin 1872 in seinem zweiten großen Hauptwerk bereits mit aller nur möglichen Deutlichkeit darauf hinwies, daß man keine der heute lebenden Affenformen als Ahnen des Menschen auffassen dürfe, sondern eine unbekannte, in der Erdgeschichte wohl sehr weit zurückliegende Form suchen müsse. Er verwies schon damals diese Suche in die früheste Periode der Tertiärzeit, in das Eozän – das wäre eine Periode, die wohl etwa 60 Millionen Jahre zurückliegt. In unserer Gegenwart nehmen unter den Paläontologen die wohl bedeutendsten an, daß man mindestens mit 25 oder 30, wenn nicht gar mit 40 oder 50 Millionen Jahren rechnen müsse, um den Beginn des menschlichen Eigenweges zu finden. Die Diskussion geht weiter; wir sollten im Urteil über die Deutungen der frühen Phasen der Menschwerdung offenbleiben.

Biochemiker und Genetiker ergreifen das Wort

In jüngster Zeit haben sich auch Biochemiker und Genetiker eingeschaltet. Durch Analyse des im Blut der verschiedenen Primaten enthaltenen Hämoglobins versuchten sie zu ermitteln, wie viele erbliche Veränderungsschritte, wie viele Mutationen stattfinden mußten, um aus einem Hämoglobin, wie es etwa im Blut von Makaken oder von Pavianen vorkommt, ein solches von Menschenaffen und schließlich das unseres menschlichen Typus entstehen zu lassen. Die Zahl der Mutationen und deren Häufigkeit in der Zeit läßt eine Zeitschätzung in Jahrmillionen zu.

Diese Rechnung setzt indessen voraus, daß unsere Evolution zur Gattung Homo die eben genannten Etappen durchlaufen habe – daß also der Makakentypus und der des Menschenaffen tatsächlich Stadien auf dem Wege zum Menschen seien. Man kann aber sehr wohl die Ansicht verteidigen, daß unsere wirkliche Ahnenlinie ganz unbekannt wäre, und daß die eben genannten Primaten nur sehr unsichere Modelle von »Vorstufen« seien. Ich habe mehrfach den Standpunkt vertreten, die heute lebenden sogenannten »subhumanen Primaten« seien nicht Vorstufen, sondern eigene Evolutionslinien, die Menschenaffen seien nicht »Protohominiden«, sondern »Parahominiden« – eine Situation, welche die Deutung der biochemischen Analysen fragwürdig macht.

Die amerikanischen Forscher haben noch keine sehr konkreten Angaben gewagt. Immerhin neigten sie anfänglich eher dazu, mit einem Zeitraum von etwa 6 Millionen Jahren für die Entstehung der hominiden Blutstoffe zu rechnen. Nach sehr heftigen Widersprüchen der

Paläontologen, die ja mit guten Gründen gegen 30 oder noch mehr Jahrmillionen annehmen, sind die Biochemiker und Genetiker schließlich geneigt, bis zu 10 oder 12 Jahrmillionen zuzugestehen – ein freundliches Entgegenkommen!

Auf diese Kontraste der Auffassungen muß ich eingehen, da die Sicherheit, mit der zuweilen das erdgeschichtliche Werden unserer Daseinsform dargestellt wird, Gewißheiten vortäuscht, wo in Wirklichkeit weit offene Problemkreise vorliegen. Wäre die biochemische Theorie vor über Jahrzehnten vorgelegt worden, so hätte sie den Annahmen mancher Paläontologen entsprochen, und beide Ergebnisse hätten sich vielleicht damals vereinigt zu einer Hypothese von beträchtlicher Suggestionskraft. Heute können die Widersprüche lediglich den Anstoß zu neuem Suchen geben.

»Glauben Sie, Herr Professor, daß wir uns ewig mit Ihren hinhaltenden Bemerkungen begnügen werden«, so fragte mich – es ist noch nicht lange her – eine erregte Dame, als ich in einem Vortrag zur Zurückhaltung und Vorsicht in der Übernahme der jeweils neuesten Entdeckungen über unsere Herkunft mahnte. Ich weiß, wie besonders schwer diese Zurückhaltung ist, wo man doch endlich einmal über die Frage unseres Ursprungs klaren Bescheid haben möchte.

Seit mehr als 35 Jahren untersuche ich das Problem unseres besonderen Geburtszustandes und das der Bedeutung des ersten Lebensjahres. Die Deutung der Phänomene geschieht im Gedankenkreis der allgemeinen Evolutionslehre; sie maßt sich aber nicht an, die wirkenden Faktoren im einzelnen zu kennen oder über das erdgeschichtliche Werden des heutigen Zustandes unbegründete Aussagen zu machen. Vielleicht hilft mein Versuch, das Langwierige und Problematische unseres Forschens zu zeigen und die Unzugänglichkeit des Ursprungs zu ahnen, wie sie einem Forscher erscheint, der Jahrzehnte der Ergründung dieser Fragen gewidmet hat.

VII
DAS MEER ÖFFNET NEUE HORIZONTE

Roscoff brachte nur einen ersten Einblick in die Laichgallerten des Kalmars – zu viel ganz Neues hatte ich damals zu beobachten, wo jeder Tag eine unbekannte Schneckengestalt, eine schwer zu bestimmende Laichmasse brachte, wo Fischeier mich zur Analyse des Blutkreislaufs verführt haben und der Algenwald bei Ebbezeit mir eine Fülle von Polypen und Moostierchen einbrachte, die kaum zu bewältigen war.

Trotz diesen Verlockungen kehrte ich doch immer wieder zu den Keimen des Kalmars zurück. Schließlich waren es doch die Jugendstadien einer der höchst differenziertesten Tiergestalten, nur mit Krebsen, Insekten oder Wirbeltieren zu vergleichen – einer Gruppe, die nur im Meer vorkommt und die ich hier lebend beobachten konnte. Es war spannend, die Rotation der älteren Embryonen in der Eihülle zu verfolgen, die farbigen Hautzellen, die Chromatophoren entstehen zu sehen und das langsame Wachsen der Mantelzone festzustellen gegenüber dem anfangs dominierenden Kopf, in dem sich mit den Augen die Gehirnmasse ausformt – das größte tierische Hirn, wenn wir von den Wirbeltieren absehen.

In der letzten Periode jenes frühen Aufenthalts in Roscoff wurde ich von den Tintenfischkeimen abgelenkt durch seltsame Vorgänge im Laich mancher Meeresschnecken, die in ihrem Gelege neben befruchteten Eiern besondere Nähreier ablegen, die den Embryonen noch in der Laichkapsel als frühe Nahrung dienen. Diese Vorgänge stellten Fragen, die mich und spätere Mitarbeiter noch während Jahren beschäftigt haben.

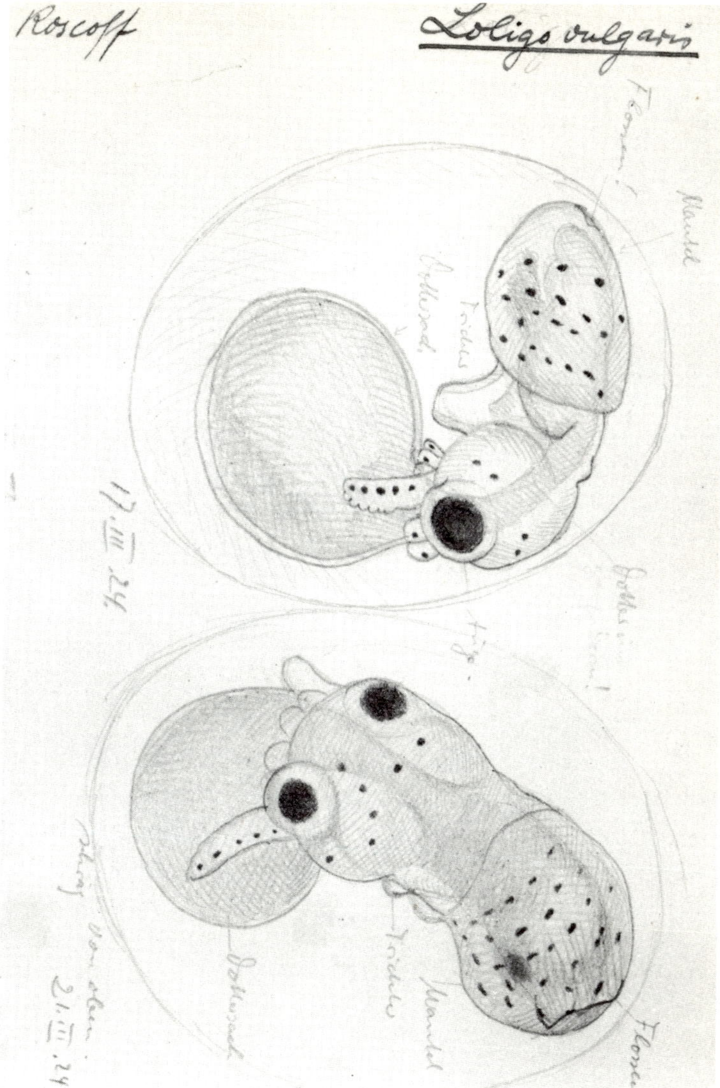
Roscoff
Loligo vulgaris
Mantel
Trichter
Dottersack
17.III.24
Flossen
21.III.24

In der Zeit, da ich an diesem Rückblick und Ausblick schreibe, soll eine größere zoologische Arbeit fertig werden, die mich seit langem stark beansprucht hat, über 24 Jahre hin, um genau zu sein. Derartige Fristen gehören nun einmal zum Schicksal mancher wissenschaftlicher Produktionen. Gegenstand dieser umfangreichen Studie ist die seltsame Molluskengruppe der Tintenfische, die nur im Meer lebt. Wie aber kommt ein Biologe, der nun fast ein halbes Jahrhundert lang im Binnenland gewirkt hat, der selbst angibt, daß er sich wesentlich mit Forschungen an Wirbeltieren abgegeben hat, wie kommt er dazu, ausgerechnet eine solche Gruppe zum Objekt so langwieriger Untersuchungen zu machen?
Schuld daran war die alte Liebe zum Meer und seiner überwältigenden Lebensfülle, der ich in jungen Jahren ohne Zögern so viele andere Möglichkeiten opferte. Aber auch die besondere Bindung an das »Laboratoire Arago« war natürlich mit im Spiel, lebte ich doch dort von 1924–1927 fast drei Jahre in glücklicher Arbeit und fand in Banyuls-sur-mer meine Lebensgefährtin.
Die ersten Zeiten galten einer ausgiebigen Umschau im marinen Tierleben. Meine Arbeitsräume waren übervoll von Gefäßen mit Algen, welche alle die vielen Kleintiere und ihre Frühstadien bargen, die mich am meisten interessierten. Alle Tage, so oft das Meer die Ausfahrt erlaubte, brachten mir die Fischer des Labors Proben der Schwebefauna, des Planktons, die ich intensiv untersuchte. Ich mikroskopierte und zeichnete voll Begeisterung – sehr zum Schaden eines wohlgeordneten wissenschaftlichen Lebenslaufes. Ich kümmerte mich viel zuwenig darum, wie man eigentlich in das akademische Leben einsteigt und dort vorwärtskommt. Das erfordert Beziehungen, Publikationen, was alles ich damals arg vernachlässigte. Schließlich kam es aber doch zum Eintritt in das Lehramt der Hochschule, und ich habe später nie bedauert, so viele Jahre den Studien am Meer gewidmet zu haben.

Im Reich der Tintenfische

Damals – um 1925 – konnte ich zum erstenmal in Banyuls-sur-mer die Entwicklung von Tintenfischen ausgiebig beobachten, zunächst die von Sepia, die Lieferantin der braunschwarzen Malerfarbe gleichen Namens. Wichtiger wurde mir bald darauf der Kalmar, die wissenschaftliche Gattung Loligo, deren halbdurchsichtige helle Laichgallerten in großer Zahl zu finden waren. Die vertiefte Beobachtung ergab sehr früh allerhand interessante Einsichten, vor allem in den Blutkreislauf bei den kleinen Embryonen, die sich von einem großen Dottersack nähren. Oberflächlich gesehen, sieht das so aus wie bei einem Hühnchen im Ei, erweist sich aber dann doch wieder als völlig anders, so daß ich mich damals zu einem gründlicheren Einblick in dieses Geschehen entschloß.

Besonders überraschend waren die Pulsationen der Dottersackhülle, welche das Blut in den Embryo hineinpumpen, und der seltsame Prozeß, durch den der werdende Tintenfisch vor dem Ausschlüpfen den äußeren Dotter in seinen Körper aufnimmt, als eine erste Wegzehrung für die frühe Zeit des freien Lebens. Ich hatte damals die bescheidene Forscherfreude, daß diese Studie von den marinen Biologen beachtet worden ist.

Viel später, 1932, wiederfuhr mir in einer der so ersehnten Ferienzeiten im Meereslabor ein ungewöhnliches Glück, da ich eifrig mit den Fischern aufs hohe Meer hinausfuhr und dort bei jedem Netzzug genau nachprüfte, was alles aus der Tiefe heraufkam. Da fand ich in einem zufällig geborgenen großen, antiken Wasserkrug einen Tintenfisch der Gattung Octopus und dachte mir zunächst nicht viel dabei. Die Fischer holten den Kraken heraus, weil er als Nahrung beliebt ist, und wollten die Amphora wieder über Bord werfen – man findet dort solche Zeugen aus alten Zeiten recht oft. Als ich im letzten Moment doch neugierig ins Innere des Krugs hineinlangte, erfühlte ich mit tiefer Erregung, daß die Amphora austapeziert war mit gallertigen fingerlangen Schnüren, wie sich sogleich zeigte, voll von den kleinen Eiern des Kraken Octopus. Die Mutter beachtet und pflegt ihre Laichschnüre stets mit Hingabe und hatte deshalb beim Heraufholen ihrer Bruthöhle den Krug nicht sogleich verlassen.

Damals war die Entdeckung einer Eiablage von Octopus noch ein recht seltenes Ereignis; frische lebende Eier in sehr frühen Stadien, wie ich sie hier vor mir hatte, waren noch ungewöhnlicher. Mit entsprechendem Enthusiasmus ging ich daran, das weitere Geschehen zu studieren und unbekannte Aspekte herauszubekommen. Damals wurde die starke Bindung an die Gruppe der Tintenfische geknüpft, die bis auf den heutigen Tag nie mehr nachgelassen hat.

Eine seltsame Gruppe, diese Tintenfische, wie man sie in mehreren Sprachen nennt. Die meisten von ihnen verfügen über eine sackartige Drüse, aus der sie nach Bedarf eine dunkle Farbe, das Melanin der Chemiker, ausscheiden – in genau abgemessener Dosis, so daß die zunächst zusammenbleibende Farbwolke einen angreifenden Gegner derart täuscht, daß er am Ort der Ausscheidung verharrt, was dem bedrohten Tintenfisch die Flucht ermöglicht. Die Wissenschaft nennt die ganze Gruppe Cephalopoda, Kopffüßer, weil der Körperteil, den wir bei Schnecken und Muscheln als Fuß kennen, bei diesen Formen am Mundende zu einem Armkranz gestaltet ist, mit dem diese marinen Raubtiere ihre Beute fangen. Alle Kopffüßer sind überdies ausgezeichnet durch einen Apparat, der ihnen ein kräftiges Schwimmen durch Rückstoß ermöglicht: Ein mächtiger Rumpfmuskel preßt Wasser durch ein kopfwärts gerichtetes Rohr kraftvoll aus und macht insbesondere die zehnarmigen, stromlinienförmigen Hochseearten zu besonders tüchtigen Schwimmern. Zu ihnen zählen die legendären Riesen des ganzen Stammes, die man Architeuthis getauft hat – bis 17 Meter lang, wenn sie die beiden riesigen Fangarme ausstrecken, noch immer sehr wenig erforscht, da wir sie meist nur als gestrandete Opfer finden. Auch unter den achtarmigen Kraken, die Bodentiere sind, kommen Riesen vor; manche Arten im Pazifik spannen 3–4 Meter mit ihren Armen – Berichte von mächtigeren Ungetümen gehören ins Fabelreich. Tintenfische mit einer äußeren Schale bewohnten in großer Artenzahl die Meere früherer Erdzeiten. Als versteinerte Zeugen sind uns die Ammonshörner bekannt – eine einzige Art dieses großen Formenkreises, die Gattung Nautilus, überlebt im Indopazifik. Ihre Schale wurde einst zu prunkvollen Trinkgefäßen gestaltet.

Leiden und Freuden um ein wissenschaftliches Handbuch

Die Berufung nach Basel machte der ersten begeisterten Phase meiner Studien an Tintenfischen ein recht jähes Ende. Später hat der Zweite Weltkrieg diese Arbeiten nochmals für Jahre unterbrochen. Aber ich bin trotzdem immer in Kontakt mit dieser weiten marinen Welt geblieben. Manche Schüler, angefangen mit Ann Bidder, meiner frühesten Mitarbeiterin aus Cambridge, England, haben die Freude an diesen Forschungen kräftig geschürt.

Unser Basler Institut ist in all den Jahren langsam zu einer beachteten Stätte der Erforschung dieser seltsamen Meereswesen geworden. Das hat dazu geführt, daß mir 1949 ganz unerwartet eine Aufgabe übertragen wurde, von deren Gewicht ich mir damals noch kein klares Bild machen konnte. Der Verlag Masson in Paris hatte nach dem Zweiten Weltkrieg begonnen, unter der Leitung des französischen Biologen Pierre-P. Grassé ein großangelegtes Handbuch der Zoologie herauszubringen, für das ich bereits über Vögel – das war ja eine meiner frühen Spezialitäten – größere Beiträge geliefert hatte.

Der neue Auftrag hat eine Vorgeschichte. Einer der bedeutendsten Kenner der Tintenfische, weit über Europa hinaus, war damals Adolf Naef – übrigens auch ein marin tätiger Schweizer, der lange in Kairo gewirkt hat. Obschon Naef um 1930 ein Konkurrent um den Basler Lehrstuhl der Zoologie gewesen war, blieb unsere Beziehung auch nach meiner Ernennung ungetrübt. Professor Grassé betraute ihn mit der Bearbeitung der Tintenfische im neuen Handbuch – eine Lösung, die sich damals aufdrängte. Doch Adolf Naef starb plötzlich und hinterließ nur ein für den Druck ungenügendes Bruchstück.

Im Gespräch in Paris fragte ich Prof. Grassé nebenbei, wie es mit

Naefs Beitrag für das Handbuch stehe. Vom Tode unseres Kollegen hatte er noch nichts erfahren, und er war natürlich bestürzt. Grassé wußte seit unserer gemeinsamen Zeit am Meer um meine alte Neigung zu den Tintenfischen – so bat er mich am anderen Morgen, den Beitrag für das Handbuch zu übernehmen. Ich sagte zu.

Von nun an durfte ich nicht mehr meinen besonderen Problemen der Tintenfischforschung nachgehen – jetzt galt es, ein Buch zu schaffen, das einem Studenten oder einem Spezialisten die Vertiefung seiner Kenntnisse erlaubt, das alles Wesentliche umfaßt, was wir zur Zeit über diese interessante Tiergruppe wissen. Die Zusage bedeutete eine große Last neben allem, was mir damals schon aufgebürdet war. Aber es reizte mich, an einer Stelle des Tierlebens eine umfassende Untersuchung durchzuführen, eine Gruppe in ihrem Bau, ihrer Stammesgeschichte, ihren verschiedenen Wegen der Individualentwicklung, zugleich auch in ihrer Lebensform, ihrer Fortpflanzung, soweit wie möglich kennenzulernen. Die Tintenfische waren dafür günstig: Ich war schon recht vertraut mit ihnen, und die Gruppe hatte noch keine umfassende Darstellung gefunden.

Zum Glück konnte ich schon zu Beginn dieser neuen Arbeit auf die Hilfe von Schülern zählen, vor allem auf Frau Dr. Katharina Mangold-Wirz, die im Laufe dieser Jahre zur weithin anerkannten Spezialistin geworden ist. Sie begann sich anfangs der fünfziger Jahre intensiv mit Tintenfischen zu beschäftigen. 1963 veröffentlichte sie ein großes Werk über die Cephalopoden des Katalanischen Meeres, mit dem sie sich in die vorderste Front der auf diesem Gebiet Tätigen einreihte. Sie hatte sich intensiv eingearbeitet, hatte den Kontakt mit Spezialisten in aller Welt aufgenommen, und wir entschlossen uns darum im Laufe unserer Arbeit, die mir übertragene Aufgabe gemeinsam durchzuführen.

Von den Schwierigkeiten eines solchen Unternehmens macht man sich gewiß keine Vorstellung, wenn man Tintenfische in der spanischen Paella genießt oder beim Tauchen beobachtet. Da gibt es zunächst einmal Tausende von Arten, die ausgestorben sind. Man mag vielleicht denken, die könne der Zoologe, der am lebenden Material arbeitet, aus dem Spiel lassen. In Wirklichkeit müssen wir uns aber gemeinsam mit den Erforschern der erloschenen Tiergestalten ans Werk machen, um die Vergangenheit der Cephalopoden zu durchleuchten und so den Ort zu bestimmen, wo die heutigen Formen im ganzen System ihren Platz haben.

Diese lebenden Arten sind eine bescheidene Gruppe im Vergleich zu dem, was etwa die Abertausende von Schmetterlingsarten, von Käfern oder Vögeln dem Zoologen bieten: Es mag heute etwa 600 Arten geben. Aber man muß sich vom Zustand unserer Kenntnisse ein Bild machen. Daß viele Arten nur durch einzelne Bruchstücke bekannt waren, daß wir vielfach auf schlecht konserviertes Material angewiesen sind, daß zuweilen nur ein Geschlecht gefunden ist und vielleicht gerade das gestaltlich weniger markante – das sind nur einige der Schwierigkeiten. Wer sich um die systematische Kenntnis dieser Raubtiere des Meeres bemüht, der muß sehr sorgfältig bei anderen Meeresräubern nachforschen: Im Magen von Delphinen, Haien, auch bei anderen großen Hochseefischen findet man zuweilen reiche Beute – wenn man Glück hat, sogar die eben verschluckten Kalmare, die noch intakt sind. Auf alle Fälle erntet man wenigstens die Hornschnäbel der bereits verdauten Tintenfische. Gerade diese Kiefer, die wie Papageienschnäbel aussehen – wobei aber der untere der größere ist –, sind in jüngster Zeit mit besonderem Eifer erforscht worden.

Detektivarbeit eines Zoologen

Nur zwei Beispiele mögen von den Schwierigkeiten berichten, welche den Tintenfischspezialisten erwarten. Seit den neunziger Jahren konnte man im Ozeanographischen Museum von Monaco zwei große kopflose Körper eines Kalmars mit seltsamen Hautschuppen bestaunen, die ein bei den Azoren harpunierter Pottwal im Todeskampf ausgeworfen hatte. Man durfte auf ein etwa meterlanges Tier schließen, das Lepidoteuthis, der Schuppenkalmar benannt wurde, dessen Einordnung in das Gesamtbild der Tintenfische aber arg unsicher war. Erst in den letzten zehn Jahren lernten wir das ganze Tier kennen. Wieder stammen die Erwachsenen aus Magen von Pottwalen, aus der Beute der Walfänger an der Küste Südafrikas. Nur wenige Jugendstadien, die genauere Auskunft über die Gestalt von Lepidoteuthis geben, sind in jüngster Zeit frei im Meer gefangen worden.

Bei einem anderen Sonderfall muß ich etwas länger verweilen, weil er tiefer in die Detektivarbeit hineinführt, zu der sich die Erforschung der Tintenfische zuweilen entwickelt.

Marine Forschung ist beileibe nicht immer ein spannendes Erleben auf hoher See! Die Geschichte beginnt am 28. März 1769, an einem Freitag auf dem Forschungsschiff »Endeavour« des Kapitäns James Cook, der damals seine erste berühmte Weltreise unternahm. An diesem 28. März – das Schiff segelte im Pazifik – finden wir eine Tagebuch-Eintragung von J. Banks, der als Botaniker Cook begleitet (als berühmter Forscher ist er später Sir Joseph Banks geworden). Folgendes notierte er: »Vom Ruderboot aus . . . fand ich an diesem Tag eine große Sepia, tot auf dem Wasser treibend und so von Vögeln in Stücke zerrissen, daß ihre Art nicht bestimmt werden konnte; nur das eine weiß ich, daß aus ihr eine der besten Suppen gemacht worden ist, die ich je gegessen habe . . . Statt Saugnäpfen trugen die Arme scharfe Krallen wie die einer Katze und wie solche in eine Hautscheide zurückziehbar . . .« Was diese herrliche Suppe den Zoologen an Sorgen eingebracht hat – davon handelt unser Bericht. Der Botaniker Banks rettete nämlich in der Küche einige Reste, unter anderem einen Armkranz mit Krallen, den er in ein Konservierungsmittel, wohl in Spiritus, einlegte, und der schließlich in das British Museum gelangt ist.

Damit setzt eine Reihe von Irrungen ein, die uns dieser Einzelfund wie selten einer beschert hat. 1782 benannte Ignazio Molina in seiner Geschichte der Natur und Kultur von Chile einen Kalmar jener Küste »Sepia unguiculata«, die Krallentragende, womit er möglicherweise die von Banks gefundene Art beschrieb. Da es manche Formen mit ähnlichen Klauen statt der Saugnäpfe gibt, und die alte Bezeich-

nung Sepia gar vage ist, wies der französische Biologe d'Orbigny 1839 unser Hochseetier einer neuen Gattung zu.
Immer mehr marine Zoologen helfen den Wirrwarr vergrößern, der schließlich ganz vergessen läßt, wie wenig wir von dem Suppenlieferanten eigentlich wissen. R. Owen sah 1881 wohl die Reste in London und zog aus der Etikette mit den Initialen J. B. den Schluß, er habe das von Banks aufgefischte Wesen vor sich. Er taufte den unbekannten Kalmar wieder um. Ein Jahr später aber erhob Japetus Steenstrup in Kopenhagen, eine Autorität in der Erforschung der Tintenfische, das Rätselwesen wieder zu einer neuen Gattung, die er Cucioteuthis nannte, was übrigens nichts mit Kapitän Cook zu tun hat!
Zu allem Unglück wurde das Glas in der Londoner Sammlung im Zweiten Weltkrieg durch Bomben beschädigt, und das erneute Studium des Mundkranzes macht es sehr fraglich, was für eine Art in diesem Gefäß erhalten geblieben ist.
Gewissensqualen der Zoologen! Nur Leichtfertige können unbesorgt glauben, wir hätten den Fund von J. Banks vor uns. Als ich mich um 1950 an unsere ausgiebige Darstellung der Tintenfische wagte, da geisterte Cucioteuthis unguiculata immer wieder als ein unsicheres Wesen durch meine Notizen und Ordnungsversuche.
Indessen hatte ganz unbemerkt ein neues Kapitel der Geschichte von Cucioteuthis begonnen. Das Forschungsschiff »Dana« – berühmt durch seine Beiträge zur Kenntnis der unerhörten Wanderungen unserer Aale bis hin zu den Tiefen der Bermudas-Region –, dieses dänische Schiff erbeutete beim Kap Verde im offenen Netz einen winzigen, unbekannten Kalmar, dem Joubin 1931 den Gattungsnamen Taningia gab, dem Forscher A. Vedel Taning in Kopenhagen zu Ehren. Wir dachten damals nicht viel dabei; Taningia war eine kleine Form, wie es viele gab, und wir warteten eben, ob man eines Tages mehr darüber erfahren würde.
Und das geschah! Bei den Azoren und bei Madeira fand man im Magen von Pottwalen Tintenfischreste, die wiederum jene merkwürdigen Klauen zeigten wie das Tier, welches J. Banks vor fast zwei

Schnecken aus der Ordnung der Hinterkiemer (Banyuls-sur-Mer)
von links nach rechts: Chromodiris, Trinchesia, Polycera.

Blick auf Banyuls-sur-Mer (Pyrénées-Orientales)
und das Laboratoire Arago (1925).

Schnecken aus der Ordnung der Hinterkiemer (Banyuls-sur-Mer) von links nach rechts: Ercolassia, Facelina, Facelinopsis.

Jahrhunderten gefischt hatte. Die Klauenform iritierte die Zoologen; sie begannen in den fünfziger Jahren die Untersuchungen von Pottwalmägen zu vertiefen. Der englische Forscher Malcolm R. Clark reiste nach Südafrika, wo der Walfang in beträchtlichem Ausmaß betrieben wird. Er brachte aus Walmägen eine größere Zahl von Tintenfischen heim, manche davon nahezu meterlang, die alle zu der so ungewissen Cucioteuthis gehörten. Ihm gelang der Nachweis, daß diese Form mit der von Joubin Taningia getauften übereinstimmen muß. So kam es zur letzten Umtaufe der »Sepia« von Banks, da Taningia seinerzeit nach allen Regeln der Forschung benannt worden war. Der kleine Kalmar von 1931 ist offenbar die Jugendform; die Erwachsenen leben in tieferen Zonen des Meeres und sind wohl in manchen Gebieten eine häufige Beute der Pottwale. Offenbar war seinerzeit am 28. März 1769 ein solches Exemplar an die Oberfläche emporgetrieben worden. Heute haben wir gute Gründe anzunehmen, daß Kapitän Cooks wunderbare Suppe von einer großen Taningia stammte.

Ich berichte aus mehreren Gründen über diese Geschichte. Einmal, weil die Kleinarbeit des Spezialisten nicht eben hoch im Kurse steht, ja oft weit jenseits aller Beachtung durch die Öffentlichkeit geradezu als nebensächlich abgewertet wird. Dabei hängt gerade in unserer Zeit viel von dieser verborgenen Arbeit ab. Heute, wo unsere Lebensräume bedroht sind, wo eine sich unabsehbar mehrende Menschenzahl nach neuen Nahrungsquellen suchen muß, ist ein sicheres Wissen über die vielfach wenig bekannten Tiere und Pflanzen, von denen wir letztlich abhängen, dringend notwendig. Dieses Wissen kann nur durch selbstlose, hingebende Arbeit ungezählter Forscher gewonnen werden, denen kein Nobelpreis winkt und keine weite öffentliche Beachtung.

Es geht aber noch um etwas anderes: Um das Bild der Welt, in der wir leben. Will der einzelne sich orientieren, aus hundert verschiedenen Gründen, so greift er zu den Werken der Wissenschaft. Er muß den Büchern vertrauen können, ob sie nun Auskunft über das Gesicherte geben oder auf Lücken in unseren Kenntnissen hinwei-

che, daß zwei meiner Mitarbeiter damals den Anstoß zum gründlichen Studium dieser verborgenen Schönheit empfangen haben und heute eifrig am Werk sind. Die Forschungen, die vor anderthalb Jahrzehnten begonnen wurden, liefern bereits einen stattlichen Beitrag zur Kenntnis dieser Gruppe im westlichen Mittelmeer, und wir hoffen auf weitere Erkenntnisse. Oft habe ich in den letzten Jahren, wenn ich gerade am Meere arbeitete, Studentengruppen aus den verschiedensten Universitäten in die Welt dieser kleinen Schnecken eingeführt, und immer wieder habe ich teilnehmen dürfen an der Freude, welche die Harmonie von lebendiger Schönheit und Wissen, der Vorstoß zu den neuen Horizonten, den das Meer eröffnet, zu bringen vermag.

VIII
AUFBRUCH IN DAS REICH DER GESTALTEN

Im Sommer 1973 fragte die in West- und Ostdeutschland wirkende Goethegesellschaft an, ob ich bereit wäre, einen einführenden Vortrag auf ihrer Tagung in Weimar zu halten. Das Thema »Metamorphose der Pflanzen« galt dem wesentlichen botanischen Werk, das Goethe 1790 nach seiner Italienreise veröffentlichte, und das er selber als eine seiner wichtigen Leistungen eingeschätzt hat.
Der Grund, weshalb man an einen Basler Zoologen gelangte, der Grund auch, weshalb ich diesen Auftrag mit Freude annahm, ist sehr einfach: Man suchte einen Morphologen, und meine Arbeit ist seit Jahren der Erforschung der organischen Gestalt zugewandt. In diesem Bereich gibt es keine der Grenzen, die sonst Botanik und Zoologie trennen: Manche Grundgesetze der Gestaltbildung lassen sich bald im einen, bald im anderen der großen Reiche des Lebens besser erfassen.

Der Zoologe als Botaniker

So kam es, daß bereits in meinen frühen Jahren die Botanik einen beträchtlichen Platz einnahm. Trotz vieler Gründe, nach der Verzögerung durch die letzten Kriegsjahre bis 1918 einen raschen Abschluß an der Hochschule zu erstreben, habe ich mich nie davon abhalten lassen, meine Einblicke zu vertiefen, wo immer mich die Naturgestalten besonders lockten. Das verborgene Leben der Blüten, die Vielfalt ihrer Formen, ihr Verhältnis zu Tieren, die bei der Fortpflanzung mithelfen – all das hat mich schon damals stark beschäftigt. Da aber diese besondere Liebe im Studienplan keine volle Nahrung bekam, suchte ich kurz vor dem Abschluß meiner zoologischen Doktorarbeit meinen Lehrer in Botanik, Professor Gustav Senn, auf und brachte schüchtern den Plan vor, ein ganz privates Praktikum der Blütenbiologie aufzubauen, wozu ich lediglich bescheidene äußere Hilfe, vor allem Zusammenarbeit mit botanischen Gärten erbat. Im übrigen versprach ich, den Unterrichtsbetrieb des Instituts nicht zu stören und meinen Weg durch die Blumenwelt und die Botanikbücher selber zu suchen. Ich fand Verständnis, und so

fach, weil die neuen Gebiete der Molekularbiologie und der Biochemie im Rampenlicht der Beachtung standen und die verfügbaren Mittel aufbrauchten. Es galt, wie leider zu oft, im Bereich der Wissenschaft zu sparen, und die entscheidenden Behörden mußten daher, wie man leichthin sagt, »Ballast abwerfen«.

Seltsamerweise – nein, nicht seltsamerweise, sondern in der Entwicklung unserer Welt begreiflicherweise – warf man als Ballast über Bord, was nicht viel an praktischen Auswirkungen versprach. Mit der Hilfe der Gestaltforschung allein konnte man keine Hormone herausdestillieren, keine Vitamine isolieren und keine Anpassung an Weltraumflüge ermöglichen, sondern »nur« Einsichten in den möglichen Gang der Naturevolution gewinnen. Daß jedes Aufschließen von Quellen der Freude und der Spannung das Leben des einzelnen bereichert, jede Vertiefung in den Anblick einer Blüte, eines Falters, jedes Wissen um das Lebendige diese Freuden erhöht – das wird nicht sehr hoch eingeschätzt und ist doch so unerhört wichtig!

Der erwähnte »Ballastabwurf« geht weiter. Wir erleben noch immer, daß im Zweifelsfall von zwei Möglichkeiten eben diejenige den Vorzug erhält, welche dem biochemischen und dem molekularbiologischen Denken nähersteht und die größeren praktischen Möglichkeiten der Ausbeutung, also die größeren Herrschaftsmöglichkeiten in sich trägt. Der Philosoph Max Scheler hatte schon vor fast einem halben Jahrhundert durchaus recht mit der Aussage, die manchen gar nicht gefiel: Daß eine ganz bestimmte Art des Wissens, die er als »Herrschaftswissen« bezeichnet hat, auf Macht über die Dinge, auf praktische Anwendung und materiellen Ertrag ausgerichtet ist. Scheler unterschied ein »Bildungswissen« und ein »Heilswissen«. Aber die Zukunft gehörte dem Herrschaftswissen, das inzwischen gerade in der Naturwissenschaft zu einer ganz besonderen Geltung gelangt ist.

Das Absterbenlassen der morphologischen Forschung stelle ich einfach fest, ohne Wehmut, ohne Resignation. Die Abwertung der eigentlichen Formenkunde in der Biologie wurde für mich immer mehr zum Ansporn, die tiefere Bedeutung dieser Forschungsart klarer zu fassen, um mitzuhelfen, den bleibenden Wert und die weiterdauernde Aufgabe des morphologischen Suchens zur Geltung zu bringen.

Da diese besondere Art der Gestaltanalyse, die ich verfolgte, sich bei der Verteilung der irdischen Güter im Hochschulbetrieb nicht allzu sehr vordrängen konnte, richtete ich mich von Anfang an darauf ein, mit relativ bescheidenen Mitteln auszukommen. Diese beschränkte Hilfe habe ich denn auch immer wieder gefunden, und ich darf in der Rückschau feststellen, daß die Arbeit dieser Jahrzehnte an vielen Orten zur Synthese von Gestaltforschung und Problemen der allgemeinen Biologie beigetragen hat.

Die Versuche der Eingliederung von Ergebnissen der Morphologie in größere Zusammenhänge führen unter anderem zu den Tatsachen von Stufen der Gestaltung, von Unterschieden der »Wertigkeit« der lebendigen Formen, von »Rangordnungen« des Lebendigen – zu Fragen, auf die unsere Messungen am Gehirn manche Antworten wenigstens vorbereitet haben.

Jede höhere tierische Lebensstufe bringt mit der Entwicklung komplizierter Strukturen und besonderer Sinnesorgane eine reichere Weltbeziehung, die auch dem Morphologen neue Fragen aufgibt. Auf der niederen Stufe des Lebens arbeitet die natürliche Auslese, die am Weiterbestehen und der Entstehung neuer Varianten mitwirkt, wohl durch sehr viele elementare Faktoren der Umwelt, nicht aber durch gestalthafte Eindrücke, die von komplexen Sinnesorganen wie Augen oder Ohren vermittelt werden. Bei den höchsten Gestaltungen aber wird die Auslese durch das Erleben von Tongestalten, durch das Sehen von Formen und vielfach auch von Farben beeinflußt.

Es bleibt eine der Großtaten von Charles Darwin, daß er, sein Hauptwerk von 1859 ausweitend, in zwei späteren Pionierwerken über »geschlechtliche Zuchtwahl« und über den »Ausdruck der Gemütserregungen bei Menschen und Tieren« gerade das Neue hervorgehoben hat, das mit dem höheren Sinnesleben in der Naturevo-

Schutzfarben in ihrer Bedeutung evident sind, in dem wir die Wirkung einer auffällig warnenden Wespenfarbe leicht erfassen und so im Glauben an die gestaltende Wirkung der Auslese bestärkt werden – während sich günstigenfalls das Weiterbestehen oder Umformen von bereits bestehenden Gestalten, Mustern und Färbungen so erklären läßt, nicht aber das Entstehen und die Eigenart der Formen.

Die hingebende Versenkung in das verborgene Leben im Meere hat mich mit Erscheinungen vertrauter gemacht, die sicher nicht auf anschauende Augen hin geformt und gefärbt sind, die sich weder verbergen noch auffallen sollen, und die daher auch nicht das Werk von Auslese durch Augen sein können. Es war aufschlußreich, bei Formen zu verweilen, denen auch der radikalste Verfechter der Anpassungslehren keine solchen Wirkungen zuschrieb.

Ich muß hier einer Tiergestalt gedenken, die für mich ungewöhnlich aufschlußreich geworden ist und in meinem Nachdenken über die lebendigen Formen eine wichtige Rolle gespielt hat. Die eingehende Betrachtung des Fühlerkranzes einer Seeanemone hat mich zum Werk eines englischen Spezialisten dieser marinen Gruppe, zu T. A. Stephenson, geführt, der bereits darauf hingewiesen hat, daß diese Muster nach inneren Gesetzen entstehen und keinen Anpassungswert haben. Wo die Farbe nicht eintönig bleibt, folgt das Muster den Regeln der Symmetrie mit ihren Haupt- und Nebenebenen, die vielleicht auch die Zeitfolge des Entstehens der Tentakel bestimmen und damit den abnehmenden Reichtum des Farbbildes. Die Seeanemone bleibt nicht dadurch erhalten, daß ihre Farben einen Feind schrecken oder sie vor einem solchen verbergen.

Die Lektion der Seeanemone war wirksam. Als ich mich vor Jahren mit den schönen, im Algenwald verborgenen Schnecken einließ, von deren Zauber meine Skizzen zeugen, da stellte sich auch die Frage nach dem Sinn dieser seltsamen Muster und Farben. Manche Freunde, die rabiate Anhänger der Rolle von Tarn- und Warnfarben sind, wiesen sofort darauf hin, daß Fische diese Schöngefärbten sogleich ausspeien, angewidert durch ihren Geschmack, und daß die

Warnfarbe den Fisch später vom Zugriff abhält: Das lebhafte Muster hat seinen Wert bewiesen. Ich bin völlig damit einverstanden – muß aber zu bedenken geben, daß die Fische einfach lernen, alle die vielen verschiedenen Auffälligen dieser Gruppe zu meiden – womit gerade das Merkwürdigste, eben die Vielfalt der Muster und das strenge Formgesetz jeder einzelnen Art nicht erklärt wird, sondern nur das ihnen allen Gemeinsame, das Auffällige. Entstanden ist auch dieses Muster aus uns verborgenen Gesetzmäßigkeiten, die das Äußere nach anderen Regeln formen als das Innere, nach Regeln, die von Gruppe zu Gruppe, von Art zu Art wechseln. Daß die bunten Muster auch in den Dienst der Lebenserhaltung einbezogen sind, ist sekundär.

Die verborgenen Gründe des lebendigen Gestaltens – das führt zu Goethe zurück. Der Umgang mit seinen Pflanzenstudien war mir von je eine kräftige Stärkung für das Suchen nach inneren Gesetzmäßigkeiten, nach lebenden Formen, die nicht von der Notwendigkeit einer Funktion allein bestimmt sein können. Die grüne Welt der Blätter drängte sich auf. Es wurde mir besonders deutlich, wie sehr die Einseitigkeit, die man Goethe oft vorgeworfen hat, die Beschränkung auf die eine Gruppe von einjährigen Blütenpflanzen des zweikeimblättrigen Typus das Erkennen verborgener Formgesetze gefördert hat. Entfalten sich doch am aufstrebenden Sproß gerade bei diesen Auserwählten die Blätter sehr oft in einer eindrücklichen Steigerung: Von schlichten kleinen zu immer vielgliedrigeren und reicheren Formen, ja schließlich zu einer Höchstgestalt – zur »Klimaxform« der Botaniker, um dann, vor dem Anlauf zum Blühen, wieder zu bescheideneren Gebilden zurückzukehren.

»Die Pflanze war für Goethe ein reales Ding wie für jeden Botaniker, aber zugleich war sie die sich entfaltende Sarabande des Wachsens, Blühens und Zerfallens – eine Choreographie von symbolischen Gebärden.« Ich zitiere Theodor Roszak, der in seinem Werk »Where the Waste Land ends« darauf hinweist, wie notwendig ein erweitertes Sehen gerade in unserer Zeit ist. Es ist mir eine besondere Freude, daß diese Mahnung aus Amerika von einem Autor stammt, dem es darum geht, Keime der Hoffnung aufzuzeigen in einer Welt, die einer einseitigen, von der Wissenschaft inspirierten Sicht der Natur verfällt. Immer wieder habe ich zu zeigen versucht, wie verheerend das bloß funktionale Verstehen der organischen Gestalten unsere Natursicht verarmt, daß wir einer neuen Naturkunde bedürfen als Ergänzung zu der auf Herrschaft strebenden Forschung, die auf Durchschauen der Natur und letztlich vorwiegend auf Ausbeuten gerichtet ist.

Die Bedeutung der Innerlichkeit

Im Hin und Her der Diskussionen um die Entstehung und den Sinn der lebendigen Form wurde es für mich immer notwendiger, mit Nachdruck auf das Erfassen eines tieferen Sinnes hinzuweisen, auf eine Aufgabe unseres Geistes, die zum rationalen Ergründen des Lebendigen komplementär ist. Aus diesem Zwang ist ein Wort entstanden, das bei vielen Biologen beträchtlichem Unverständnis begegnet ist: Der Begriff der »Selbstdarstellung« – ein Name für die Tatsache, daß ein lebendiges Wesen, Tier oder Pflanze, nicht nur Stoffwechsel treibt und als ein Gefüge von lebenserhaltenden Strukturen zu erklären ist, sondern daß der Organismus über das bloße Fristen des Lebens hinaus, über alles nur Notwendige hinaus, eine Form aufbaut, welche das Besondere gerade dieser Art darstellt.

Wir müssen erkennen, daß sich die rätselhafte verborgene Innerlichkeit im Äußeren in ihrer Eigenart manifestiert. Die Bezeichnung »Organismus«, die uns so geläufig ist, verdeckt gerade durch ihren Ursprung aus dem Werkzeugdenken, daß alles Lebendige mehr ist als ein Komplex funktionierender Organe. Das Kopfschütteln über einen so unwissenschaftlichen Begriff wie »Selbstdarstellung« nehme ich hin in der Gewißheit, daß dies Wort an etwas Vergessenes mahnt und damit ein umfassenderes Bild vom Ganzen eines Lebewesens aufbauen hilft.

Die Wissenschaft dringt ins Unbekannte vor, sie stößt an Grenzen, über die unser Blick hinausgeht und Erkanntes bezeichnen will, das mit den Methoden des Forschens noch nicht voll erfaßt werden kann. Wie oft spricht dann der Naturforscher davon, ein Formmerkmal habe bloß taxonomischen Wert oder rein systematische Bedeutung – es sei also gerade noch gut genug, um ein Lebewesen zu bezeichnen und einzuordnen. Oder ich lese, daß ein Organ »luxuriere«, daß es »hypertelisch«, also über alles Zweckmäßige hinaus geformt sei. Wie eng wird in solchen Aussagen der Zweck erfaßt, wie fragwürdig ist der Begriff des Luxus schon in unserem Sozialleben, wie nichtssagend wird er erst im Blick auf die Größe der wilden Natur. Wenn ich wesentliche Merkmale des Erscheinens unter dem Begriff der Selbstdarstellung zu fassen versuche, so gilt es, an ein tiefes Geheimnis des Lebensstoffes zu mahnen, an eine schwer faßbare Wirklichkeit des Protoplasmas, das im Evolutionsprozeß zur Bildung so erstaunlicher Gestalten aufsteigt.

»Innerlichkeit«, die sich äußert! Das ist ein Wort, das viele Biologen ebensowenig mögen wie das komplementäre der »Selbstdarstellung«. Ich muß, um vielleicht zum Überdenken dieser Begriffe anzuregen, ein Stück der jüngsten Biologiegeschichte, ein allzu vergessenes, in Erinnerung bringen.

Einer der bedeutenden Begründer der später so erfolgreichen Entwicklungsphysiologie, Wilhelm Roux, den wohl niemand verdächtigen wird, so sonderbare Ansichten zu vertreten, wie ich sie zuweilen geäußert habe, Wilhelm Roux, der seine neue Zeitschrift um 1880 »Archiv für Entwicklungsmechanik« genannt hat, um den Weg in die moderne Biologie ganz deutlich zu zeigen – Wilhelm Roux ist einer der großen Anreger für meine Arbeit gewesen und steht am Anfang meines Suchens, das nach Jahren zur Formel von der »Selbstdarstellung« als einer obersten Eigenschaft der lebendigen Wesen geführt hat. Ich beziehe mich auf eine Zusammenfassung des 65jährigen von 1915 in der »Kultur der Gegenwart«, die damals erschienen ist, in der er »Das Wesen des Lebens« kennzeichnet, und die mir beim ersten kritischen Suchen sehr bedeutsam geworden ist.

Nachdem Wilhelm Roux die Eigenschaften aufgezählt hat, die nach allgemeiner Einsicht alles Lebendige, Pflanzen wie Tiere, kennzeichnen – Stoffwechsel, Wachstum, Bewegung, Fortpflanzung, Vererbung und Entwicklung –, stellt er fest, es fehle in allen den vertrauteren Definitionen etwas schwer Faßbares: Die »Innerlichkeit« der Lebewesen, eine Eigenschaft, deren zentrale Bedeutung für das Verstehen des Lebendigen Roux bereits 1881 hervorgehoben hatte. Mit Nachdruck betont er, daß alle die erwähnten Funktionen sich auszeichnen als Leistungen einer uns verborgenen Realität, einer Selbsttätigkeit – daß jeder dieser organischen Leistungen im Grunde die Vorsilbe »Selbst« zukomme, und daß sich dieses Besondere in der Tatsache der Selbstregulation zugunsten der Erhaltung jeder Lebensform auswirke.
Das »Selbst«, Ausdruck der Eigenständigkeit alles Lebendigen, äußert sich für den Beobachter immer bedeutsamer mit der gesteigerten Organisation: Diese seine Ausprägung ist eines der Kennzeichen der nicht leicht zu fassenden Rangstufen. Welche große Bedeutung kommt diesem Selbst in unserem Menschenwesen zu – wie wichtig ist seine Sonderung vom »Ich«!

Ausblick des Morphologen

Jahrelang habe ich mich bemüht, durch sorgfältige Messungen in der Hirnausbildung der Wirbeltiere wenigstens für Vögel und Säuger objektive Werte für die Ranghöhe zu ermitteln. Wer diese Versuche in ihren Möglichkeiten beurteilen will, der muß beachten, daß in dieser Messung auch das »Selbst« zum Ausdruck kommt, und daß der messende Versuch nur ein Weg zum Einblick in eine verborgenere Wirklichkeit ist. Da diese Betrachtungen eigentlich von Goethes biologischer Arbeit ausgelöst worden sind, darf hier ein Beispiel aus Goethes botanischen Problemen illustrieren, wie auch die Erörterung des Zweckmäßigen der organischen Gestalten zur Selbstdarstellung hinführt.
Es geht um Blütenfarben!

Darüber schreibt Goethe im Paragraphen 45 seiner »Metamorphose der Pflanzen«. »Es ist eine sehr wahrscheinliche Meinung, daß Farbe und Geruch der Kronenblätter der Gegenwart des männlichen Samens in denselben zuzuschreiben sei. Wahrscheinlich befindet er sich in ihnen noch . . . mit anderen Säften verbunden . . . und die Materie, womit die Blütenblätter ausgefüllt sind, steht zwar in einem hohen Grad der Reinheit, aber noch nicht auf dem höchsten, auf welchem sie uns weiß und ungefärbt erscheint.«

Goethe spricht mehrmals in seinem Werk von der Reinigung der »Säfte« im Aufsteigen bis zur Blüte. Mit der Idee der Unreinheit dieser Säfte im Zeitpunkt der Blütenbildung verbindet sich des Dichters Überzeugung von der besonderen Reinheit der weißen Farbe – eine Gewißheit, die in seiner Zeit auch dazu geführt hat, den weißen Menschen als den selbstverständlichen Urzustand des Homo sapiens zu bewerten, eine Ansicht, die Kant sowohl wie der Naturforscher George Buffon vertreten.

Man hat gerne in der Idee von der »Reinigung der Säfte«, welche die Blütenfarben als einen Ausscheidungsvorgang auffaßt, eine seltsame Ansicht von Goethe gesehen. Um so interessanter scheint mir, daß im Jahre 1925, über ein Jahrhundert später, ein sachlicher englischer Botaniker, V. Hampton, vermutet, daß die öligen Essenzen, die Blütenduft erzeugen, vielleicht als Abbaustoffe bewertet werden müssen, die lebensfeindlich wirken, so daß die Hinfälligkeit der zarten Blumenblätter eine Art Selbstvergiftung sei!

Wir sind nicht weit von Goethes Idee entfernt.

Sehen wir dieses Problem der Blumenfarbe in einem weiteren Rahmen, so erweist sich, daß sich viele herrliche Farben von Schmetterlingen als eine Art Exkretstoffe erweisen, so wie die weißen Muster von Spinnen, aber auch solche von Amphibien und anderen Tierformen. Es drängt sich eine neue Deutung auf: Substanzen, die Endprodukte des Stoffwechsels sind, werden nicht irgendwie ausgeschieden, sondern einer höheren neuen Aufgabe zugeordnet. Sie werden Instrumente der Selbstdarstellung.

Viele Biologen nehmen die eindringlichen Mahnungen, die Selbstätigkeit als zentrale Eigenschaft des Lebens zu achten, wohl zur Kenntnis, in ihrem Forschen ist aber nicht viel von dieser Lehre zu spüren. Bereits der Vorschlag von Wilhelm Roux, Selbsttätigkeit als »Autoergie« wissenschaftlich zu fassen, schwächt durch die kühlere distante Form des Fremdwortes das Gewicht der Vorsilbe »Selbst« ab und leistet dem Abgleiten des Denkens in die rein mechanistische Auslegung der Funktionen Vorschub.

In meiner Arbeit habe ich gerade dieses schwer Faßbare besonders ernst genommen – was freilich gar oft in Grenzbereiche des wissenschaftlich Sagbaren führt. Dafür habe ich gerade als Grenzgänger auch die Freude gehabt, manchem Suchenden jenseits der Schranken einer strengen Naturforschung zu begegnen, so der Forschungsweise Goethes. Es ist ein wesentlicher Teil meiner Lebensaufgabe geworden, einerseits den Blick für die selbstgewählte Beschränkung, die sich die Naturforschung auferlegt hat, zu wahren, andererseits aber doch nie zu vergessen, daß die methodische Vorsicht, welche die wissenschaftlich gültigen Aussagen überwacht, nie ein umfassenderes Wort über Mensch und Welt verhindern darf.

Der Erforscher lebendiger Gestalten findet sich als Suchender in einem Feld von Formen, deren Ergründung stets über jedes funktionelle Verstehen hinausweist. Ich habe seinerzeit den Rauschzustand sehr wohl gekannt, in den der Drang zum funktionalen Verstehen der lebendigen Wesen uns versetzen kann. Die raffinierten Einrichtungen, welche Blumen und Tiere im Bestäubungsakt der höheren Pflanzen verbinden, sind überzeugende Demonstrationen dieser Tatsachen der Evolution. Aber bereits in jenem glücklichen Sommer der Blütenbiologie im botanischen Labor erhielt ich ungezählte Eindrücke, welche über das technisch so Erstaunliche hinauswiesen und die mein Nachsinnen bereits weit hinausführten über die Lehren, die ich in den Hörsälen der Universität nachschrieb.

Der Auftrag von Weimar, den ich am Anfang dieser Betrachtung morphologischer Grundfragen erwähnt habe, hat mich oft zurückversetzt in die Frühzeit meines Eindringens in die Welt der Pflanzen – und er wurde dadurch eine besonders erfreuliche Gelegenheit zu einer umfassenderen Besinnung. Es war eine schöne Erfüllung, nach Jahrzehnten des Forschens, dem die lebendigen Gestalten immer mehr zu Bildern und Zeichen von Verborgenem geworden sind, von Goethes Studien über Blatt und Blüte, von seinen Gedanken über die gestaltende Macht des Typus der organischen Erscheinung aus der heutigen Sicht zu berichten und von ihrer bleibenden Bedeutung für eine Naturkunde der wissenden Liebe zu zeugen.

IX
VORSTOSS IN DAS REICH DER KUNST

Die durchsichtigen Fischeier hatten mich schon in Roscoff zu einem ausgiebigen Studium des frühen Blutkreislaufs verlockt. Dem Kreislauf auf dem Dottersack galt mein besonderes Interesse, Banyuls bot Gelegenheit, die besonderen Verhältnisse bei den Rochen und Haien zu beobachten, die einen im Vergleich zu den uns vertrauteren Fischtypen riesigen Dottervorrat zur Verfügung haben. Die Skizze vom 16. April 1925 vermittelt das Bild des reichen, dichten Gefäßnetzes, das die Nährstoffe des Dotters dem Embryo eines Rochens zuführt. Beim Studium der Entwicklung denken wir in erster Linie an den Aufbau des eigentlichen Keims, viel zu wenig beachten wir, daß im Erbgefüge der Art alle die Faktoren mitenthalten sein müssen, welche es dem wachsenden Keim ermöglichen, sein eigenes Ernährungssystem, das den Dottersack auswerten muß, aufzubauen. So will denn meine Zeichnung den kleinen Mikrokosmos darstellen, die Einheit von Embryo und Dottersack – die ja in einer so ganz anderen Weise verwirklicht ist in der Symbiose von Kind und Mutter bei Säugetieren. Mir selbst rufen diese Skizzen – es sind ihrer manche – jenen fernen und reichen Frühling herauf, wo ich dem Strömen des Blutes auf der hellen Dottermasse folgen durfte und dem stetigen starken Puls des kleinen Herzens, das dieses Kreisen im Gange hält.

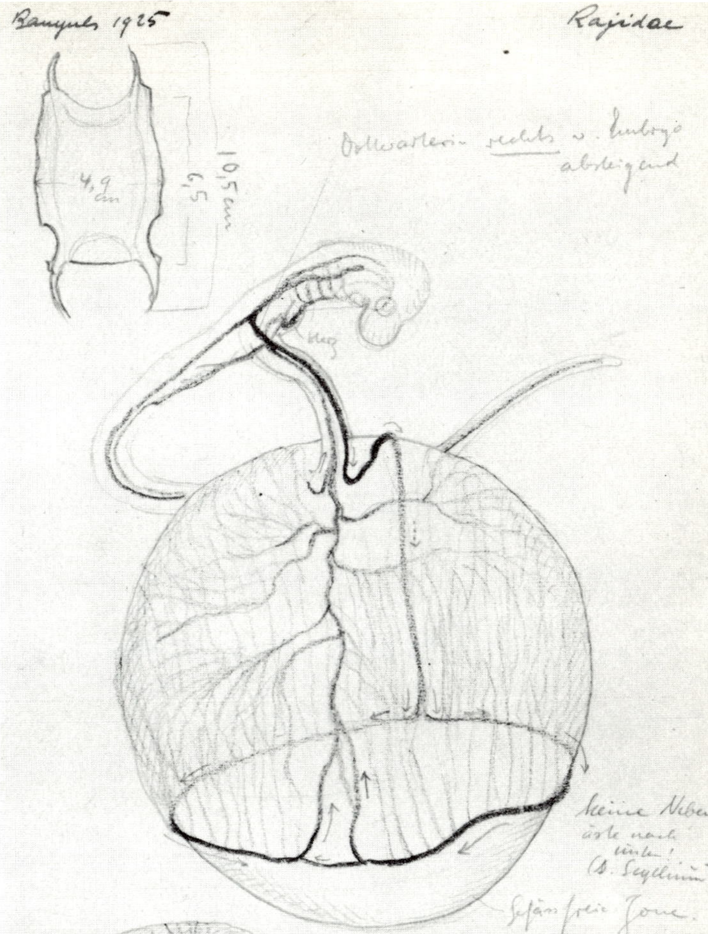
Banyuls 1925
Rajidae
4,9 cm
6,5
10,5 cm
Dotterarterie rechts v. Embryo absteigend
Herz
keine Nebenäste nach unten! (s. Scyllium!)
Gefässfreie Zone.
hier fast ohne Circulation aber Gefässe in Bildung
v. oben
16. IV.

Wenn ich an die Zeit zurückdenke, da mit der Doktorarbeit über Libellen meine eigentliche wissenschaftliche Arbeit begann, erscheint eine Persönlichkeit im hellsten Licht der Erinnerung: Der französische Insektenforscher Jean-Henri Fabre, der in der Provence gewirkt hat. Sein Schaffen hat offenbar eigenen tieferen Bedürfnissen entsprochen und sie auch genährt. Der frühe Kontakt mit seinem Werk – bereits in meiner Schul- und Studienzeit – hat wahrscheinlich ganz unbewußt viel dazu beigetragen, daß ich meine Meeresforschungen so oft und so lange an den marinen Stationen des Mittelmeeres betrieben habe. Sie ermöglichten mir, auch das Insektenleben Südfrankreichs, das Fabre so unvergleichlich geschildert, und die Landschaft, in der er gelebt hatte, voll zu erfassen.
Schon in der Assistentenzeit als Zoologe in Genf, als ich mich mit der französischen Sprache inniger vertraut gemacht hatte, begeisterten mich die »Souvenirs entomologiques« von Fabre. Sie schufen in meiner Vorstellung eine südliche Zauberwelt, die ich damals, um 1921, noch gar nicht kannte. Noch sind mir die frühen Morgenstunden in lebendiger Erinnerung, an denen mein Genfer Tag mit einer ausgiebigen Lektüre aus Fabres Werk begann, und wie oft ich dabei besonders schöne Abschnitte begeistert deklamierte.
Als den Homer und den Vergil der Insektenwelt haben französische Dichter den Insektenforscher gefeiert. Für mich war er der große Mentor in zwei Welten: In den Geist einer anderen Sprache und zugleich in das geheimnisvolle Reich der Insekten. Noch ahnte ich nicht in jenen glücklichen Morgenstunden, daß diese Sprache einmal das Medium meines Alltags im Leben der Familie werden sollte.
Die Wirkung von Jean-Henri Fabre ging sehr tief. Sie rührte an mein Bedürfnis nach Gestaltung des Erlebten; die Bilder aus dem Insektenleben be-, ja verzauberten – weit über ihren biologischen Sinn hinaus. Es ist sicher kein Zufall, daß manche Darstellungen, so etwa der Bericht über das seltsame Ritual der Gottesanbeterin, der Mantis religiosa, bei dem der männliche Partner während der Begattung verzehrt wird, Maler und Bildhauer angeregt haben. Die Darstellung der Frau als männermordendes Insektenwesen ist von Künst-

lern im französischen Sprachbereich oft versucht worden, so von André Masson oder von der Bildhauerin Germaine Richier. Der Impuls zu dieser Interpretation kam von Fabre. Ich erwähne dieses Einzelbeispiel, weil es in den Diskussionen um den Surrealismus in der bildenden Kunst der zwanziger Jahre eine große Rolle gespielt hat. Das Werk Fabres brachte noch viele andere Bilder zu weltweiter Wirkung – die geisterhaften Flüge von Nachtfaltern auf der Suche nach der Partnerin, den ersten Ausflug der Jungspinnen aus ihrem Nest und – allem voran – die erregenden Berichte über das Gebaren der Grabwespen bei Beutefang und Nestbau.

Fabre ist schon in der Zeit seines frühen Ruhmes als Schriftsteller von den Biologen angefeindet worden. Er, den Darwin »den unvergleichlichen Beobachter« genannt hatte, konnte in jenen Jahrzehnten der siegreich vordringenden Evolutionstheorie nicht in den großen Chor einstimmen, der damals das Rätsel der Entstehung des Lebens und damit das Geheimnis des Menschwerdens als gelöst erklärte. Er bekämpfte die neue Lehre, und viele Biologen haben diese Einstellung damit beantwortet, daß sie auch sein großes, einmaliges Lebenswerk nicht zur Geltung kommen ließen.

Für mich war der Kampf von J.-H. Fabre gegen die geltenden Ansichten ein steter Anreiz zur Selbstprüfung, zur eigenen Auseinandersetzung mit dem ungeheuren Faktum der Evolution und der Dürftigkeit mancher angebotenen Erklärungen dieser überwältigenden Erscheinung. Der Einfluß dieses außerordentlichen, eigenwilligen Forschers wirkt auch heute noch nach. Etwa vierzig Jahre nach der Zeit am Genfersee, nach Jahrzehnten, die mich immer wieder in das südliche Frankreich, in das Land der »Souvenirs entomologiques« führten, veröffentlichte Kurt Guggenheim in Zürich seinen Fabre-Roman »Sandkorn für Sandkorn«. Dadurch erfuhr ich, daß wir beide in einer wichtigen Lebensphase – beide in Genf – stark und nachhaltig durch den südfranzösischen Forscher beeinflußt worden waren. Dies führte bald zu einer erfreulichen Zusammenarbeit. Guggenheim gab als Übersetzer eine kleine Auswahl von Fabres herrlichen Lebensbildern von Insekten heraus, die ich kommentierte – beglückt über diese späte Möglichkeit eines bescheidenen Dankes. Der Titel des Buches »Offenbares Geheimnis« deutet auf die Stimmung hin, die Fabre bei seiner Arbeit erfüllt hat und die auch uns beiden dies Gemeinschaftswerk zur großen Freude werden ließ.

Freude am Gestalten

Die frühe Zeit mit Fabre war allen künstlerischen Einflüssen günstig. Die Aussichten junger Zoologen unmittelbar nach dem Ersten Weltkrieg schienen recht trübe. So war es gewiß nicht verwunderlich, daß ich in jenen Jahren des Wanderns und Suchens gar oft Zweifel hegte, ob ich nicht in einem künstlerischen Beruf mein Auskommen suchen sollte – hungern konnte man damals auf beiden Wegen gleich gut. In der Tat waren diese Überlegungen mit ein Grund, um nach München zu gehen, wo mehrere Lockungen Befriedigung finden konnten.

Die Münchner Zeit trug besonders reife Früchte. Ich hatte das Glück, in Heinrich Wölfflin einem großen Deuter des Gestalteten zu begegnen. Ich glaube nicht, daß ich in jenem allzu kurzen Jahr eine Vorlesung dieses begnadeten Lehrers versäumt habe. Es stand mir immer vor Augen, daß Wölfflins Auffassung nur *einen,* freilich einen bedeutenden Ausschnitt der Kunstgeschichte darbot. Diese große Einseitigkeit aber galt der Gestalt – das war für den suchenden Zoologen mit seinen morphologischen Neigungen entscheidend.

Wölfflins kunstgeschichtliches Werk ist mir daher bis heute immer wieder eine Quelle der Anregung und Ermutigung, gerade auch in den biologischen Kämpfen um die Geltung einer vernachlässigten, ja vielfach mißachteten Morphologie. So ist die Gestaltforschung, der ich als Biologe dienen wollte, immer wieder angeregt worden durch weite Exkursionen in den Bereich der Kunst. In mein Sinnen um die lebendigen Formen hat das Werk über »Italien und das deutsche Formgefühl« heimlich sehr oft mit hineingespielt, sekundiert von Wilhelm Worringers erregender Dissertation über »Abstraktion und Einfühlung«.

Diese Liebe zur Kunst hat mich immer wieder weit über die Grenzen der strengen morphologischen Forschung hinausgeführt. So war es auch unvermeidlich, daß mir das Heraufkommen einer Biologie, welche die Alltagswelt hinter sich läßt und das Problem von Form und Entwicklung im Reich des Unsichtbaren zu lösen sucht, ganz besonders naheging. Dieser Auszug aus der vertrauten Welt war um so eindrücklicher, als ihm manche Tendenzen in der bildenden Kunst zu entsprechen schienen, Tendenzen, die eine Wendung zum Elementaren brachten, zum reinen Spiel von Linien und Farben, Erregung und Ruhe, Licht und Dunkel.

Die Abwendung von den vertrauten Gestalten des Alltags geht aber noch in eine andere Richtung – ins Ungeformte. Ich denke an den düsteren Eindruck von Sartres Roman »La Nausée«. Nur ein Bild mag von dieser Wendung zeugen: In einem Park, der zum Wohlgefallen geschaffen wurde, in diesem geordneten Park erblickt der Held des Romans, Roquentin – in düsterem Brüten die Wurzel eines Kastanienbaums: Sie wird ihm zum Gleichnis der Sinnlosigkeit seines eigenen Seins: »Ich erinnerte mich nicht mehr, daß es eine Wurzel war. Die Wörter hatten sich verflüchtigt und mit ihnen die Bedeutung der Dinge, ihre Anwendungsweise, die schwächlichen Merkmale, welche die Menschen auf ihre Oberfläche gezeichnet haben. Ich saß allein dieser schwarzen knorrigen Masse gegenüber, die völlig roh war und mir Angst einflößte.«

Wie scharf hatte Goethe diese Gegenwelt des Lichtreiches abgelehnt! Wie unwirsch antwortete er den Kritikern, die ihm vorwarfen, er vernachlässige die Wurzeln. »Was habe ich mit einer Gestaltung zu tun, die sich in Fäden, Strängen, Bollen und Knollen und bei solcher Beschränkung sich nur in unerfreulichem Wechsel allenfalls darzustellen vermag, wo unendliche Varietäten zur Erscheinung kommen, niemals aber eine Steigerung; und diese ist es allein, die mich auf meinem Gange, nach meinem Beruf an sich ziehen, festhalten und mit sich fortreißen konnte.«

Seine Gleichnisse wählte Goethe daher im hellen Sonnenschein. In Wilhelm Meisters Wanderjahren ist nachzulesen: »... und so schließt sich die schönste Fähigkeit unvermutet zur Fertigkeit auf: wie eine Rosenknospe, an der wir noch abends unbeachtet vorübergingen, morgens mit Sonnenaufgang vor unseren Augen hervorbricht, so daß wir das lebende Zittern, das die herrliche Erscheinung dem Lichte entgegenregt, mit Augen zu schauen glauben.«

Der Biologe wird der Wurzel im Gesamten der pflanzlichen Formbildung nicht so gefühlsbeladen begegnen wie der Dichter – aber trotzdem das große Gesetz der Polarität und Steigerung als entscheidend für das morphologische Urteil über eine organische Gestalt ansehen.

Da ich mich als Naturforscher mitverantwortlich fühle für die Entfremdung vom Gestalteten, das durch die dominierenden Bereiche der Wissenschaft mächtig gefördert wird – so ist mir seit längerer Zeit schon das Ringen um ein erneuertes Erleben der Form zu einer immer dringenderen Aufgabe geworden.

Vor Jahrzehnten bereits hat Jakob von Uexküll, der eigenwillige Anreger zu neuem Denken über das Lebendige, die wissenschaftliche Produktion unserer Zeit mit einem Schneefall verglichen, der unablässig seine Flocken auf die Dinge der Welt fallen läßt, langsam die Gestalt dieser Dinge durch die wachsende weiße Decke verformt und sie schließlich völlig aufhebt.

Dieser Schnee fällt und fällt immer dichter.

Auf den ersten Blick scheint dieser pessimistischen Sicht die Bilderflut unserer Zeit zu widersprechen. Die Unzahl von Tierbildern, die Kilometer von Filmen, die uns entlegenes Leben vor Augen führen, Zeitlupen und Zeitraffer, die das Verborgene sichtbar machen und die Pflanzenschoße wirklich zum Ausschlagen, die stillen Blüten zu großen Gebärden nötigen, die Zahl der Tierbücher, Blumenfotos aus aller Welt: Eine eigentliche Bilderschwemme, die optische Überfütterung einer Zeitvertreib fordernden Menschenzahl von steigender Größe. Die optischen Fluten gehen aber an den Menschen vorbei, die Bilder werden flüchtig einen Augenblick registriert – wer wagt noch das große Wort »wahrnehmen« auszusprechen oder das Wort »betrachten«? Mit wirklicher geistiger Zuwendung hat dieser Umgang mit einem Überangebot von Bildern nicht viel zu tun.

Die Flucht aus der Welt der Formen

Es gibt eine unauffällige Einzelheit, welche die Abwendung von Form und Gestalt besonders deutlich macht: In meiner Jugend fanden wir im Unterhaltungsteil der Zeitungen und Wochenblätter ziemlich regelmäßig das Vexierbild Im unübersichtlichen Liniengewirr einer Zeichnung galt es, durch Drehen und Wenden ein Lebewesen zu finden: »Wo ist der Jäger?« oder »Wo ist der Bauer?«, so mochte die Frage lauten, und das suchende Auge machte sich auf die Jagd, im Gewirr des Formenangebots die gültige Antwort zu finden. Heute entdecke ich an derselben Stelle unserer Zeitschriften etwas völlig anderes – das Kreuzworträtsel. Und der Geist strengt sich an, im Lexikon des Gehirns etwa das Wort für einen Strom zu suchen, drei Buchstaben, der mittlere ein i – oder den Namen eines römischen Kaisers – vier Buchstaben, der letzte ein o!

Es geht bei diesem Vergleich nicht um Geist oder Ungeist. Auch eine Zigarettenpackung ist ein Erzeugnis des Geistes. Es geht um das Aktivieren zweier völlig verschiedener Arbeitsarten des Geistes – eine Verschiedenheit, die seit langem schon zur Signatur unserer Gegenwart gehört. Es geht um den Kampf für die sinnliche Imagination, welche mit Gestalten arbeitet im Gegensatz zum rationalen Suchen nach Wörtern. Und ich spreche davon, weil mir dieses öde Wortsuchen als ein bedenkliches Glied im allgemeinen Vorgang der Entfremdung vom Geformten und ganz besonders von einer inneren Beziehung zum Lebendigen erscheint.

Der Auszug der Kunst, die Flucht aus der Welt der allzu gewohnten Formen war einmal eine Revolte, die produktives neues Glück gesucht hat. So spricht Hans Arp vom reinen Glück im Erleben geometrischer Formen oder von als organisch empfundenen Umrissen seiner Gestalten. Gemeinsam mit Sophie Täuber errichtete er »aus Rechtecken und Quadraten dem tiefesten Leid und der höchsten Freude Strahlenbauten«.

Als Arp bald nach dem Ersten Weltkrieg seine ersten ungegenständlichen – oder wie er es nannte »konkreten« Reliefs ausstellte, erklärte er »die Kunst des Bürgers für sanktionierten Irrsinn. Besonders diese nackten Männer, Frauen und Kinder aus Stein oder Bronze, die auf Plätzen, Gärten und an Waldrändern aufgestellt sind und die unermüdlich tanzen, nach Faltern jagen, Pfeile abschießen, Äpfel anbieten, Flöte blasen, sind der vollkommene Ausdruck einer unsinnigen Welt. Diese irrsinnigen Gebilde dürfen nicht mehr die Natur verunreinigen.«

Diesen Exodus aus dem Naturalismus der Malerei habe ich mit inniger Teilnahme miterlebt, wie auch die große Wendung im Schaffen Mondrians, der sich selbst erlöst hat durch die extreme Beschränkung auf die ruhigen Harmonien von wenigen geometrischen Grundlinien und einfachen Grundfarben und der uns damit eine neue Sphäre der Heiterkeit erschaffen hat. Wie wichtig erschien mir damals ein Wort von Paul Klee, das er 1934 ausgesprochen hatte: »Berufen sind die Künstler, die dorthin vordringen, wo das Urgesetz die Entwicklung speist.«

Die spätere Wendung der bildenden Kunst ins Chaotische hat dann allerdings die Bedrohung unseres Erlebens gezeigt, wenn auf das Schaffen von Gestalt verzichtet werden soll. Wenn Lionardo dem Künstler empfiehlt, in Zeiten des Erlahmens seiner inneren Bildkraft etwa altes Mauerwerk zu betrachten, damit das freie Spiel des imaginierenden Geistes neue Formen aus solchem Chaos zu gestalten beginne, so hat er damit zu einem produktiven Wirken, nicht zu einer Abwendung von der Form aufgerufen.

Unser Auge sucht Gestalt. Das Organ des Sehens will das Chaos überwinden und Formen erzeugen. Diese autonome Aktivität hat Christian von Ehrenfels um 1890 als das Gesetz unserer optischen Arbeit erkannt; durch Max Wertheimer ist es um 1921 zu einem festen Grundsatz unserer Psychologie geworden.

Den Drang unseres Sehorgans nach Gestalt erlebe ich ganz besonders stark und stetig. Darum erschien mir in den zwanziger Jahren, von denen ja hier vor allem die Rede ist, der Surrealismus, den André

Breton in Paris zur Blüte gebracht hat, als eine besonders spannende Synthese, vermittelnd zwischen dem Bedürfnis nach Ausbruch aus dem zum Gefängnis gewordenen Realismus der Kunst und der trotz allem in uns mächtigen Forderung nach Gestalt. Noch immer empfinde ich das Schaffen von Max Ernst als einen hohen Ausdruck solcher Freiheit im Willen zur Form. Das Traumhafte in solchem Bilden gegenüber dem extrem Rationalen wurde mir immer wesentlicher für die Entfaltung des vollen Reichtums unserer geistigen Möglichkeiten.

Das Wissen um den Sinn und Wert alles Nichtgewußten wirkt sich auch aus auf unser Denken um den Organismus und mahnt zur Vorsicht gegenüber der Leichtfertigkeit und Sicherheit, mit der uns rationale Erklärungen über die Evolution rätselvoller Gestalten des Lebens dargeboten werden. Ich bin gerüstet gegen vorschnellen Beifall für vieles Angebotene. Zur seelischen Stärkung denke ich oft an das Geheimnis unseres Traumlebens, nicht ohne manchen stillen Gedanken an Dunkles und Verborgenes im Evolutionsprozeß.

Darum ist mir der Gegensatz zweier Phantasiebilder geradezu zum Gleichnis für die verschiedenen Auffassungen vom Lebendigen geworden. Es geht um das Erleben des Fliegens. Ich lese in der Odyssee vom Flug des Götterboten Hermes. Er bindet sich ». . . unter die Füße die schönen goldenen ambrosischen Sohlen, womit er über die Wasser und das unendliche Land im Hauche des Windes einherschwebt.« Ebenso schwebt ja die Göttin Pallas Athene.

Jeder von uns weiß um die tiefe Wahrheit dieses Fliegens: Es ist der Traumflug, den wir alle schwebend, mit der Fußspitze dann und wann vielleicht abstoßend, federleicht vollziehen, der Traumflug, der vor allem ein Kennzeichen der Träume in jüngeren Jahren zu sein scheint – aber eine Traumwahrheit für alle, welche für die Dichter ursprünglicher Zeiten auch in ihrer poetischen Welt volle Wirklichkeit hat. Es ist der fliegende magische Mensch, der Homo divinans, wie zuweilen der Frühmensch wissenschaftlich nicht ohne Recht genannt worden ist und der tief in uns Gegenwärtigen weiterlebt.

Wie anders das Bild vom fliegenden Homo faber, vom technischen Menschen, wie es die Ikarussage uns bewahrt: Der rationale Mensch, der den Vogel nachahmt und daran scheitert. Es ist nur gerecht, daran zu erinnern, daß der Homo faber erst fliegen gelernt hat, als er darauf verzichtete, den Vogel nachzuahmen.
Das Sinnen um die Wahrheit des Traums und die Wahrheit der Technik hat mir im nie aufhörenden Kampf des Forschers um die Erkenntnis der Grenzen seiner wissenschaftlichen Sicherheit viel geholfen. Der Traumflug der Götter, der Phantasieflug des Ikarus – beides liegt im Bilderschatz unseres Geistes bereit, aufgerufen zu werden – beides muß mitweben an unseren Sinnen um das Lebendige. Mein immer wiederkehrender Hinweis, der Organismus sei mehr als eine Sammlung zweckmäßig festgelegter Organe – dieser stete Ausblick auf die Grenzen des technisch Verstandenen hindert mich nie am Staunen über die technische Leistung des Lebens, will aber ebenso die Zuversicht und den Mut stärken zum Blick über die Grenzen des rational Erfaßbaren.
»Die Natur braucht keine Hände, um Hände zu schaffen.« Dieses Wort eines großen Philosophen der alten Zeit – war es Plotin? – soll mit uns sein, wenn wir zu Besinnung auf lebendige Gestalten ansetzen.
Der Kampf gegen ein Vergessen der Gestalt gerade im Lebensbereich der forschenden Menschen, die heute die stärkste Verantwortung tragen, ist um so notwendiger, als wir bedroht sind von einem Verlust, der viel größer ist als der unserer technischen Gebilde. Es geht um den Verlust jener Welt, die wir nicht selbst machen können, nie selbst machen werden, es geht um eine Wirklichkeit des Lebens, die nicht gesicherter Besitz, sondern bedroht in ihrer puren Existenz als Organismen, bedroht aber auch als innerer Besitz im Geiste der Menschen. Die Gefahr der Ausrottung von organischem Leben stellt an jede Gesellschaftsordnung heute schon die Frage nach dem Lebensrecht alles dessen, was nicht unser Werk ist: Eine übernationale Rechtsfrage von größter Dringlichkeit.
Die rasende Entwicklung der biologischen Forschung zu einer Bio-

technik, die im Reich des Unsichtbaren nach den Mitteln der Herrschaft sucht, wird für alle Stufen unserer Schulung eine Entfremdung von den Gestalten des Lebens erzwingen – wenn wir uns nicht heute schon auf alle die Werte besinnen, die für jede volle Menschenbildung aus echtem Umgang mit lebendigen Formen herauswachsen.

Wir werden darum auch eine Besinnung auf Grundaufgaben der Schulen fordern müssen – eine wahre Naturkunde wird notwendig, eine Naturkunde, die nicht bloß der Schatten einer Wissenschaft ist, sondern ein Umgang mit dem Lebendigen, der uns die Natur zu einer wirklichen Heimat macht.

Der Kampf um die Bewahrung der ursprünglichen Welt – um uns wie in uns – ist seit langen Jahren ein gewichtiges Motiv meines Wirkens in der Öffentlichkeit, dieser steten Begleiterin meiner forschenden und lehrenden Hauptarbeit. Das Mittel des Radios hat bei diesem Streben eine besondere Bedeutung gewonnen.

Radiosendungen! Es sind ihrer viele geworden seit dem zaghaften Versuch von 1928 in der ersten bescheidensten Einrichtung des Basler Studios in einem kleinen Raum im Gebäude des Basler Zentralbahnhofs.

Radio – das war eine strenge, ausgezeichnete Schulung. Wie gut tat doch der Zwang zur anschaulichen Darstellung, zur Vision durch das Wort ohne Bild, aber auch dazu, in aller Kürze Wesentliches zu sagen. Wie mancher meiner Kollegen hat fast nachsichtig gefragt, wie man als Professor »Vorträge« von zehn oder sogar nur von fünf Minuten Länge im Radio übernehmen könne: Das lohne sich doch nicht! Ich wies ebenso nachsichtig darauf hin, daß vier Minuten, in meiner Art gesprochen, eine normale Schreibmaschinenseite bedeuten, daß also zehn Minuten immerhin einen Beitrag darstellen, der etwa einen mittelgroßen Zeitungsartikel ergeben könnte. Mir schien, es lohne sich, so etwas zu versuchen.

Mit Hingabe und Freude habe ich auch am Fernsehen, das so viel weitere Möglichkeiten der anschaulichen Darstellung bietet, mitgewirkt. Aber meine große Freude war es immer wieder, dem Hörer, ohne Hilfe der Bilder, eine plastische Vorstellung vom Leben und seinen Gestalten zu vermitteln. Das gesprochene Wort ohne Bild wurde für mich überdies ein Weg zu vielen Menschen, weil manche meiner Sendungen im Laufe der Jahre zu kleineren Büchlein geworden sind, die mir halfen, meine Art, Naturgestalten zu erleben und meine Einstellung zu den theoretischen Deutungen des Lebens und seiner Evolution, auch die Mahnung zum Schutz des Lebendigen anderen zugänglich zu machen. Das Buch über die »Tiergestalt« oder die kleinen Schriften vom »Ursprung des Menschen«, »Probleme des Lebens«, »Ein Naturforscher erzählt«, um nur einige zu nennen, haben bei vielen Menschen zur Vertiefung ihrer Naturbeziehung mitwirken können.

Beiden Medien verdanke ich viele und nie vergessene Beziehungen zu Menschen. Nur zwei Erinnerungen für viele. Einmal vor langen Jahren sprach ich über Delphine – eine Sendung, die mir recht gut geraten schien. Daraufhin kam ein Brief aus Italien von einer alten, erblindeten Schweizerin. Sie schilderte durch die Hand ihrer Nichte eine Begegnung mit Delphinen, die sie als junges Mädchen gehabt hatte, als sie noch sehen konnte. Dieses Bild des frohen jungen Wesens, das in einer italienischen Meeresbucht weit hinausschwimmt, sich plötzlich von einem Schwarm von Delphinen umgeben sieht und nach einem Augenblick der Angst die Tiere als Spielende erkennt, als die Schar schon wieder wie ein Traum entschwunden war – das alles verriet so viel Innigkeit und Frische, daß ich am liebsten meine Sendung umgebaut und mit diesem Brief begonnen hätte.

Das zweite: Am Tag des Waffenstillstandes nach dem Zweiten Weltkrieg hatte ich es übernommen, einige Minuten zu sprechen. Es war vereinbart, daß die wenigen Worte anonym ausgestrahlt werden sollten. Viele Jahre später kam ich mit dem hochbetagten Mythenforscher Walter F. Otto zusammen, und im Gespräch, das auch die Kriegsjahre streifte, sagte er mir, nach dem Waffenstillstand hätten ihn einige Worte der Besinnung, vom deutsch-schweizerischen Radio gesendet, ganz besonders beeindruckt. Der ergriffene Hörer und der bei der Sendung ebenso ergriffene Sprecher waren glücklich, sich gefunden zu haben.

Walter F. Otto, der uns das herrliche Buch von den Göttern Griechenlands geschenkt hat und für den das Göttliche wahrhaft wirkende Gegenwart war, ist in seinen letzten Jahren einer meiner ernstesten Freunde geworden, ein Begleiter auf vielen Reisen des Geistes in die Zonen jenseits der Gewißheit des Forschers, in jene Gebiete, aus denen man mit neuen Gedanken und neuem Mut in den begrenzteren Raum der wissenschaftlichen Arbeit zurückkehrt.

Am Rundfunk und im Fernsehen

Mein hartnäckiges, immer erneutes Hervorheben der Rolle unserer ursprünglichen Weltsicht mag da und dort als eine Marotte aufgefaßt werden, als ein an Besessenheit grenzendes Vorurteil, wenn nicht gar als reaktionär. Nun, »reaktionär« ist diese »Manie« gewiß nicht – aber sicher ist sie eine Reaktion, ein Protest gegen die Geringschätzung, mit der die progressive Forschung oft genug unsere natürlichsten Erlebensweisen in den Hintergrund drängt.
Meine Überzeugung, daß die Welt unserer primären Erfahrung der mächtig wirkende Grund unseres Daseins bleiben muß, prägte sich im Laufe der Jahre so stark, daß mir die Abhebung des Eigenwertes dieser naiven Weltsicht zu einer Aufgabe geworden ist. Dies führte dazu, unser Leben in einem zentralen, für uns Menschen wesentlichen Erfahrungsraum zu sehen, den ich als »Mediokosmos« gegen die Aufbrüche in das Reich einer makrokosmischen und einer mikrokosmischen Weltsicht abzugrenzen versuche.
Gewiß ist jede derartige Gliederung künstlich, und doch müssen wir versuchen, die unabsehbare Masse des Wissens, welche insbesondere die Naturforschung anhäuft, so zu ordnen, daß auch den vielen, die an der Wissenschaft nur indirekten Anteil haben, eine erste Orientierung möglich ist. Die kopernikanische Wendung hat seit langem Erde und Menschen aus der naiven zentralen Stellung in eine untergeordnete Position im Universum versetzt. Aber diese wichtige sekundäre Erkenntnis und ihre Ausweitung zu Raumfahrten und zum Versuch des Kontaktes mit anderen Planeten, ändern

nichts an der Tatsache, daß wir uns trotzdem nie als Randfiguren des Sonnensystems und des unendlichen Kosmos erleben werden. Nach wie vor wird unsere irdische Welt und die Sicht, die sie uns von der Kinderzeit an vermittelt, Maß und Mitte für das Erdenleben sein. Die Sphäre, die ich Mediokosmos nenne, ist der einzige, uns wirklich bekannte und vertraute Raum, in dem wir um höhere lebendige Organisation wissen. Die Art des Erlebens, die uns von den unbekannten Mächten der Natur-Evolution gegeben worden ist, behält daher ihren Wert; sie bezeugt ihn ja gerade durch das Vermögen, mit geistigen Mitteln in die unvertrautere kosmische Wirklichkeit vorzudringen. Wer dieses Wunder in seiner geheimnisvollen Größe erlebt, wird auch verstehen, warum wir mit der Bezeichnung »Mediokosmos« dieser unserer Daseinsart eine besondere Würde zuerkennen.

Lob der naiven Weltsicht

Die Naturforschung bindet ihre Adepten durch strenge Regeln des wissenschaftlichen Arbeitens. Sie ist, wo sie im tiefsten Sinne ernst genommen wird, ein besonderer weltlicher Orden. Die Umschau in Gebiete der künstlerischen Arbeit sowohl wie in den Bereich der Mitteilung in der Öffentlichkeit, ist nicht zuletzt unternommen worden, um von meinem Bedürfnis zu zeugen, dem Leben im Mediokosmos, dem Kontakt mit dem Ganzen unseres Alltags, seiner Gesellschaft und ihren Aufgaben treu zu bleiben. Ist es doch dieses Ganze, das dem Forscher die Absonderung in die strenge Bindung der Wissenschaft ermöglicht.

So verweile ich gerne in diesem Lebensraum des Alltags und kehre ins Jugendland zurück, um daran zu erinnern, was der ursprüngliche naive Blick in die Welt um uns für ein langes Leben bedeuten kann, wenn ein begnadeter Lehrer uns im rechten Moment auf rechte Weise zu lenken vermag. Dieses Glück hatte ich in den Jahren 1909 bis 1911 im ersten ernsthaften Unterricht in Naturkunde. Ich will nur von einem bescheidenen Einzelfall berichten, der die gute Hand

des kundigen Lenkers bezeugt und auch den Einfluß, der vom Unscheinbarsten für ein langes Leben ausgehen kann.
Erster Frühling, vor dem Fenster des Schulzimmers die mächtigen Ulmen, die später ein Opfer der argen Ulmenkrankheit geworden sind – einer Pilzinfektion, die vor nicht so langer Zeit weite Bereiche des Ulmenareals verwüstet hat. Wir erhielten in jener fernen Stunde einen für mich unvergessenen Wink: Schaut euch in den nächsten Tagen diese Ulmen ganz genau an! Das geschah. Unter der behutsamen Führung unseres Lehrers sahen wir, zum erstenmal voll bewußt, wie die unscheinbaren Blüten unsere Ulmen in einem rötlichen Braun erscheinen ließen. Wir betrachteten diese Blüten genau und erlebten, wie die Bäume nach einigen Tagen bereits in hellstem Grün erschienen und wie rasch der Boden bedeckt war mit Mengen kleiner ovaler Plättchen – den ungezählten Früchtchen der Ulme mit dem Samen in der Mitte. Mit wachem Sinn erfaßten wir Jungen damals, wie ein Baum blüht und Frucht trägt in großer Eile, bevor noch die Blattknospen das Laub freilassen. Und die kaum merkliche Führung durch unseren Lehrer ließ uns darüber sinnen, wie seltsam der Jahreslauf geordnet sein kann. Denn wir wußten nun, daß diese Ulmen den Sommer und Herbst über still im grünen Kleid die Explosion des nächsten Frühjahres vorbereiten. Natürlich war dieses unbefangene Erleben Anlaß zu vielerlei Vergleichen, und gar manchem von uns haben jene Stunden für ein Leben die Augen geöffnet für den Reichtum, den der Alltag auch in der Großstadt noch – wie lange noch? – für jeden von uns bereithält.
Jahr für Jahr bewegt es mich, wenn sich die Ulmen im Frühjahr zum Blühen röten. Ich denke an Stefan Brunies, den Lehrer aus dem Engadin, der uns Stadtbuben so viel wahre Naturkunde vermittelt hat. Zahlreiche Schweizer kennen ihn auch als einen der ersten Kämpfer für umfassenden Naturschutz. Sein Name soll hier stehen für die vielen, denen wir solche Stunden, nur Augenblicke manchmal, verdanken, in denen der Grund zu dauernder Freude gelegt worden ist.

X
DIE ENTWICKLUNGS-BESCHLEUNIGUNG DER JUGEND

Im Laboratorium Arago war das Studium der Schwämme, einer sehr rätselhaften Tiergruppe im Gange, als ich dort ankam. So durfte ich aus nächster Nähe die Diskussionen darüber miterleben, wie ein Schwamm sich von anderen sogenannten niederen Tieren, etwa Polypen unterscheidet, und wo er im Tiersystem einzuordnen sei. Damals war gerade der Versuch aktuell, die Spongien als »Parazoa« gleichsam aus der Stammlinie der vielzelligen Tiere auszuschließen – die Arbeiten in Banyuls haben im Gegenteil dazu geführt, die Verwandtschaft mit Polypen und Medusen aufs neue zu betonen.

So war ich begierig, zu erfahren, wie sich diese umstrittenen Tiere entwickeln. Ich habe mich in die Aufzucht von marinen Schwämmen eingelebt. So konnte ich im März 1925 die lebenden Larven beobachten und skizzieren. Es war möglich, zu verfolgen, wie sie sich festsetzen und zum Schwamm umformen. Meine Skizzen dieser Stadien sind nicht etwa im Laufe von nicht ganz fünfzig Jahren verblaßt – das Bild gibt sehr getreu die zarte Lamelle wieder, zu der sich die Larve abflacht. Diese Jungstadien sind am Oberflächenfilm des Wassers in einem kleinen Aquarium entstanden und waren daher leicht zur Beobachtung unter das Mikroskop zu bringen.

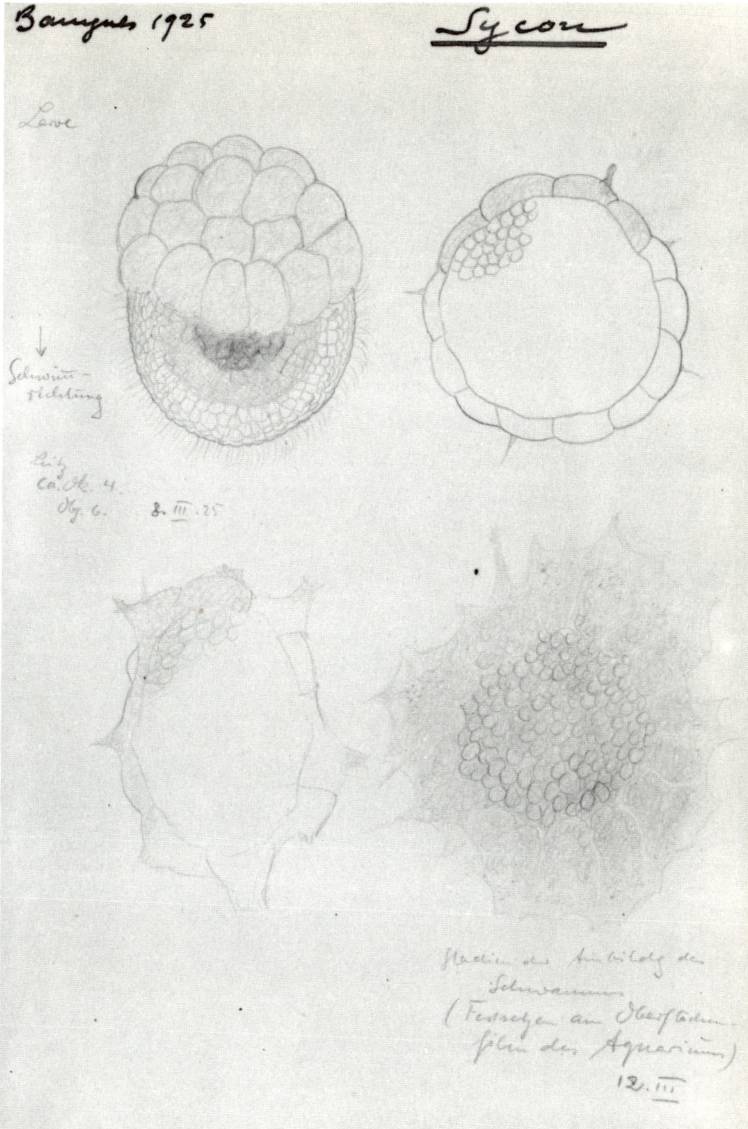
Banyuls 1925
Sycon
Larve
Schwimmrichtung
8. III. 25
12. III

Auf einem großen Kongreß von Kinderärzten in Köln – es war 1963 – verkündete ein japanischer Professor nicht ohne Stolz, um 1980 würden die Japaner so groß sein wie die Deutschen!
Größerwerden! Der Grundton der Erklärung des japanischen Forschers war die Befriedigung über einen offenbaren Sieg. Ich mußte damals zurückdenken an dieselbe Freude eines deutschen Arztes, der etwa ein halbes Jahrhundert früher schreiben konnte: »Es wird eine der edelsten Aufgaben der Ärzte sein, auf dem Wege zur höchsten Körperschönheit als richtungsweisender Führer zu gelten.« Dies war der Schlußsatz einer Studie, die sich mit dem Wachstum des Menschen befaßte und die auch das Phänomen des Größerwerdens umschloß. Und meine Gedanken gingen weiter in die eigenen Jugendjahre zurück, wo ich mich, nicht ohne Stolz, zu den Größeren zählen durfte. Dann aber stand vor mir der letzte Jahrgang der Studenten, mit denen ich 1968 noch gearbeitet habe: an der Mehrzahl mußte ich hinaufsehen im Gespräch, die meisten überragten ihren Lehrer. Von besonderem Stolz über diese Größe war indessen kaum etwas zu sehen.
Akzeleration – das beschleunigte Wachstum und die vorgelegte Geschlechtsreife – das Problem hat mich nicht mehr losgelassen, seit meine eigene biologische Arbeit mir das Studium der Entwicklungsperiode aufgedrängt hat. Seit dieser Zeit berührt mich auch ein bescheidenes Alltagserleben ganz besonders. Der Weg zu meiner Arbeitsstätte am Rhein führte mich während langen Jahren über einen stillen Kirchplatz, der einst ein Friedhof war – manche Gedenksteine an der Kirchenwand erinnern noch daran. Eine dieser Tafeln kündet von einem Handelskommis, der 1814 im Alter von 23 Jahren und 6 Monaten gestorben ist: »Ein guter Jüngling, Sohn und Freund«, so heißt es auf dem Stein im Schatten der Kirche. Wer würde heute einen Frühverstorbenen dieses Alters Jüngling nennen?
Und doch liegt in der Sonderung dieser Lebensstufe ein tiefer Sinn. Wenn ich heute in Berichten von Juristentagungen lese, es müsse erwogen werden, ob nicht die Altersstufe vom 18. zum 25. Jahr als »jugendliche Erwachsene« für die Rechtsprechung zu unterscheiden

sei, so bezeugt diese Forderung zunächst eine Entsprechung der Entwicklungsstufen über anderthalb Jahrhunderte hinweg, die der Meinung zuwiderläuft, als sei heute alles anders als früher. Vielleicht hilft uns dieser Blick in die Vergangenheit, die Wandlungen der heutigen Jugendgestalt nicht allzusehr als eine Art Naturprozeß zu sehen und dafür unserer Lebensform, der Geschichtlichkeit, in der Deutung der so rätselvollen Tatsachen einen genügenden Raum zu gönnen.

Was liegt eigentlich vor?

Seit etwa 100 Jahren wird die allmähliche Steigerung der Wachstumsintensität der menschlichen Jugend vor allem im Abendland festgestellt, einst besonders in nördlichen Ländern, heute aber im ganzen okzidentalen Bereich und immer weiter über diesen hinausgreifend. Gewichts- und Längennormen, die seit langem Geltung hatten, werden in den letzten Jahrzehnten früher erreicht. Die faktische Zunahme der Gesamtgröße, d.h. der Endzustand des Wachstums, ist verhältnismäßig gering. Der Wachstumsabschluß erscheint zurzeit im Vergleich mit anno dazumal verfrüht. Während manche Anzeichen dafür sprechen, daß früher die Fünfundzwanzigjährigen etwas größer waren als die Neunzehnjährigen, so scheint heute im wesentlichen der Wachstumsabschluß um das 19./20. Jahr vollzogen.

Bei solchen Feststellungen darf freilich nicht verkannt werden, daß die Zahl der Daten noch recht ungenügend ist. Allzusehr beruhen unsere Körpermessungen auf der verhältnismäßig leichten Möglichkeit, in den Schuljahren größere Untersuchungen durchzuführen und darauf bei Eintritt in die Militärpflicht das männliche Geschlecht in größerem Ausmaß zu erfassen. Diese Umstände bedingen, daß alle Aussagen über die Zeit nach dem 20. Altersjahr sehr viel weniger belegt und daher umstrittener sind und daß die Zahlen für das weibliche Geschlecht nach dem Schulalter besonders dürftig werden. Immerhin sprechen in Hinsicht auf die Frauen die gegenwärtigen Beobachtungen für einen etwas früheren Wachstumsabschluß als bei den Männern. Das gesteigerte Wachstum der Pubertät setzt im weiblichen Geschlecht etwas früher ein, die Verlangsamung auf das Endstadium hin ebenfalls.

Wichtig erscheint die Einsicht, die wir aus Messungen in den zwei großen Weltkriegen gewinnen: die Erscheinung der Akzeleration ist in diesen Zeiten etwas gebremst worden, nach Kriegsende aber erfolgte ein rasches Aufholen in wenigen Jahren, das sehr bald zum früheren Stand der Entwicklungsbeschleunigung geführt hat.

Wer von Akzeleration spricht, denkt auch an die Beschleunigung der geschlechtlichen Reifung. Die Geschlechtsreife lag in Mitteleuropa um 1845 durchschnittlich bei 16 bis 17½ Jahren, während sie heute auf 13½ Jahre fällt. (Durch den berühmten Frauenarzt Ignaz Semmelweis [1818–1865] besitzen wir aus Ungarn genauere Zahlen. 1850 liegt die Reife um 15–19 Jahre. Die neueren Zahlen geben etwa 14 Jahre für 1930, 12 Jahre und 7 Monate für das Jahr 1959.)

Die Angaben sind naturgemäß für das weibliche Geschlecht genauer als für junge Männer, da der Eintritt der Reife viel auffälliger und leichter zu beobachten ist als die verborgener Wandlung im männlichen Geschlecht. Immerhin bezeugen sorgfältige Messungen von 1966/67 an Gymnasiasten, daß ein großer Teil der Dreizehnjährigen über die Anzeichen der eingetretenen Reife verfügte – im Gegensatz zur Generation ihrer Eltern, die freilich nicht gleich genau untersucht worden ist!

Mehrere Gründe drängen mich dazu, in dieser Umschau etwas ausführlicher bei diesen seltsamen Vorgängen zu verweilen. Einmal der Umstand, daß sie in der Zeit meines Wirkens recht viel auffälliger geworden sind. Überdies ist es schließlich ein lebendiges Geschehen, das den Menschen betrifft und den Biologen etwas angehen sollte. In der Tat hat mich das Angebot der Erklärungsversuche genötigt, die Erscheinung in ihrer Vielfalt zu beachten und mit den Ergebnissen meines eigenen Forschens über Jugendentwicklung bei Mensch und Tier zu vergleichen. Man hat doch zuweilen den Eindruck, man blicke beim Studium der Akzeleration ein wenig tiefer in unbekanntes

Land des Evolutionsgeschehens – so wie wir als Kinder etwa durch ein Astloch in einer dichten Bretterwand in verbotene fremde Gärten hineinschauen konnten.

Die Akzeleration wird weltweit

Man spricht leichthin von einer allgemeinen Entwicklungsbeschleunigung. Doch täuscht uns das auffällige Größerwerden der Jugend – denn die seelische und geistige Reife geht nicht Hand in Hand mit den vorverlegten Ereignissen des Heranwachsens. Einst bestand eine recht nahe Übereinstimmung der Entwicklungszeit, in der die Geschlechtsfunktion eintrat, die geistige Reife wesentlich erreicht und das Wachstum abgeschlossen war. (Zum mindesten war die Überlagerung der Prozesse eine recht weitgehende.) Bis ins 19. Jahrhundert liegt das Maximum der Wachstumsbeschleunigung für den Eintritt der Pubertät im 15. und 16. Jahr, der Eintritt einer seelischen Reife etwa im 16./17. Jahr. Heute dagegen setzt der große Wachstumsschub sowohl wie die sexuelle Reifung im 12. Jahre ein, während das geistige Reifwerden der Person sich noch immer erst im 16. bis 18. Jahr intensiver vollzieht. Dabei ist die innere Bereitschaft zur sozialen Eingliederung sehr häufig noch viel weiter hinaus verlegt.

Die zeitlichen Verschiebungen haben das ganze Erscheinungsbild dieser Wandlungszeit verändert. Das zeitliche Zusammentreffen aller Vorgänge hat in früheren Epochen einen oft recht stürmischen Verlauf dieser Metamorphose zum Erwachsenen bewirkt und eine betonte Krisenzeit geschaffen. Die Darstellung der Entwicklungsjahre, wie sie etwa Stefan Zweig in seinem Rückblick »Die Welt von gestern« gibt, und manche ähnliche Schilderungen von Jugendkrisen um die Jahrhundertwende sprechen zur jüngsten Generation nicht mehr als Bilder ihrer Jugendphase. Die gegenwärtige Ausdehnung der Wandlungsperiode hat die krisenhaften Spannungen etwas seltener gemacht und den ganzen Vorgang ausgeglichener gestaltet. Wenn so einerseits die Heftigkeit mancher Phänomene gedämpft

wird, so ist doch durch die Dauer der Metamorphose zur Reife eine lange Zeit unausgeglichenen Wesens entstanden, die zu den schweren, bedeutungsvollen Problemen der Gegenwart gehört.
Vor Zeiten war die Akzeleration sehr deutlich ein Großstadtphänomen und in ländlicheren Lebenskreisen viel weniger sichtbar. Neueste sorgfältige Untersuchungen um 1965 bezeugen, daß dieser Unterschied noch immer, wenn auch in sehr viel geringerem Maß, nachweisbar ist. Im Raum der Großstadt selber war die neue Situation besonders in den höheren Schulen ausgeprägt; ein Zeichen dafür, daß die soziale Schichtung eine Rolle spielte. Heute ist dieser Kontrast weit weniger auffällig als um die Jahrhundertwende, die Akzeleration ergreift weite Kreise.
Die sozialen Probleme, welche früh schon den Begriff der »Flegeljahre« geschaffen haben, sind heute im ganzen verschärft und vor allem zeitlich verlängert. Wer in älteren Wörterbüchern und schulpädagogischen Werken nachschaut, findet diese Flegeljahre ins 12. bis 15. Jahr verlegt. Heute werden wir kaum zögern, die damit charakterisierte unausgeglichene Verhaltensform bis ins 18. Jahr festzustellen, und oft genug sind wir versucht, noch einige weitere Jahre des Werdens dieser Haltung zuzuordnen.
Dem Biologen stellt man in den so häufigen Diskussionen um die Akzeleration natürlich immer wieder die Frage nach den Ursachen. Und da es vor allem die ältere Generation ist, die fragt, so hört man immer wieder als leiseren oder lauteren Unterton das Lied von der guten alten Zeit. Ich will versuchen, das Ursachenproblem ohne diese pessimistische Vorentscheidung zu überprüfen.

Sind erbliche Vorgänge im Spiel?

Wir wissen, daß in jeder Menschengruppe wie in einer tierischen oder pflanzlichen Population sich dauernd erbliche Veränderungen vollziehen, »Mutationen«, die das gesamte Spektrum der menschlichen Eigenschaften beeinflussen, deren Folgen also ebenso sehr körperliche wie seelisch-geistige Merkmale betreffen. Daß außer diesen von der Erforschung bereits erfaßbaren Faktoren der Veränderung noch andere im Zellplasma wirken müssen, wollen wir auf alle Fälle in Erinnerung behalten. Sind wir doch stets der Gefahr ausgesetzt, das strukturell bereits besser Bekannte in unseren Versuchen des Verstehens zu hoch zu bewerten und es übermäßig zu belasten.

Eine weithin beachtete Gruppe von Theorien über die Akzeleration sieht eine bedeutsame Ursache dieser Phänomene in einer bestimmten sozialen Auslese von Mutanten. Man beachtet insbesondere das Sozialproblem der Landflucht, von der Annahme ausgehend, der Drang zur Abwanderung in die Stadt erfasse gewisse Gruppen erblicher Veranlagungen stärker, beherrschender als andere. Es könnte wohl sein, daß unter diesen Anlagegruppen Menschen von labiler und unruhiger Wesensart dominieren. Damit soll selbstverständlich kein Werturteil über die Besonderheiten dieser Labilität und die Anlässe zum Zug in die Stadt gefällt werden. Entscheidend ist, daß ein besonderer Konstitutionstypus dadurch in vermehrtem Maße vom Land in die Stadt abwandert. Wie verschieden sich auch das Schicksal in der Stadt gestalten mag, so darf die Annahme gewagt werden, daß gerade von diesem Menschentypus manche sozial aufsteigen und im Laufe der Zeit in den gesellschaftlich gehobenen Schichten den Bestand an geistig beweglichen und wendigen Menschen vergrößern – einen Bestand, der für die technische Umformung des Abendlandes entscheidend gewesen ist.

Die Erbforschung hat indessen noch eine andere Möglichkeit in das Blickfeld der Soziologen gerückt. Man weist auf die in der Pflanzen- und Tierzüchtung beobachtete »Heterosis« hin. Gemeint ist das häufige Luxurieren von Bastarden aller Art, deren Stammrassen beträchtliche Unterschiede aufweisen. Das Zusammenbringen von relativ verschiedenem, aber nahe verwandtem Erbgut stört das in einer stabilen Population entstehende Gleichgewicht der Erbfaktoren und kann so das Entstehen von auffällig neuen Erscheinungsformen, unter ihnen auch gesteigerten Wuchs, begünstigen.

In der menschlichen Gesellschaft wirkt sich ganz besonders ein Faktor in dieser Weise aus: Die seit geraumer Zeit durch den gesteigerten Weltverkehr erhöhte Zahl von »Fernehen«, von Ehen also, deren Partner aus sehr verschiedenen Populationen stammen. Ich brauche nicht an die gewaltigen Verfrachtungen von großen Menschenzahlen zu erinnern, die der Weltkrieg und die nachfolgenden Erschütterungen gebracht haben. Schon viel weniger tragische Phänomene erhöhen die Kontakte von Menschengruppen, die in früherer Zeit recht stabil für sich bestanden.

In meinem Lande steigt der Anteil der Ehen von Schweizern mit Ausländerinnen von 5,5% in den Jahren 1886–1890 auf 14% in den Jahren 1951–1955. Daß die Kriegszeit einen Rückgang auf 6,5% gebracht hat, ist in unserem Zusammenhang auch bedeutsam. Die umgekehrte Kombination der Ehen von Ausländern mit Schweizerinnen wird natürlich ebenfalls häufiger, aber in der Schweiz aus bürgerrechtlichen Gründen weniger beachtet.

Man hat durch sorgfältige Prüfung der Heiraten in einer deutschen Kleinstadt gefunden, daß um das Jahr 1700 der mittlere Heiratsradius dieses Ortes etwa 13 km betrug, noch 1750 25 km, während er heute auf 140 km angewachsen ist. In jüngster Zeit wird diesem zunehmenden Anteil der Fernehen eine beträchtliche Bedeutung für die Verwandlung des Erscheinungstypus, also für die Akzeleration zugebilligt. Die Untersuchungen darüber stehen erst am Anfang: Es gilt aber, sie neben den anderen Erbgeschehnissen sorgsam zu bedenken, wenn es um das Verstehen eines so komplexen Phänomens geht, wie die Wandlungen im Jugendalter sie uns aufgeben.

Das umfangreiche Wissen um Erbvorgänge, das die moderne Genetik, insbesondere die in den letzten Jahrzehnten mächtig entwickelte Populationsforschung uns bringt, mag manche in diesem Gebiet heimischen Spezialforscher verleiten, das Problem der Akzeleration als gelöst zu betrachten, also anzunehmen, die wesentlichen Vorgänge seien als Erbgeschehen einigermaßen durchschaut.

Ich möchte das bestreiten.

Sind Eiweiß oder Zucker am Werk?

Es gibt Erklärungsversuche auf ganz anderer Basis, die mindestens so ernst genommen werden müssen. Da erscheint der Mensch als Einzelwesen, von Einflüssen der Umwelt in seiner körperlichen wie in den geistigen Einheiten geprägt, von Faktoren mitgeformt, die weder ererbt werden noch ererbt worden sind. Mit solchen Umwelteinflüssen haben sich manche Forscher sehr gründlich auseinandergesetzt.

So mußte beachtet werden, daß, verglichen mit früheren Jahrhunderten, seit der starken Bevölkerungszunahme im 19. Jahrhundert die Ernährung im Abendland sich stetig verändert hat, und zwar durch einen vermehrten Anteil an hochwertigem Eiweiß für weite Bevölkerungsschichten. Es darf auch geltend gemacht werden, daß davon früher vor allem eine begünstigte Gruppe beeinflußt wurde, während in den letzten Jahrzehnten in steigendem Maß weiteste Schichten der hochtechnisierten Völker im Okzident davon berührt wurden. Diesem sozialen Phänomen entspricht recht genau die allmähliche Ausbreitung der Erscheinungen, von denen wir hier sprechen.

Man redet viel vom Eiweiß! In jüngster Zeit melden sich aber Stimmen, welche dem Zuckergenuß den größeren Einfluß zuschreiben. Daß die Eskimos in jüngster Zeit größer werden, kann nicht die Folge von vermehrtem Eiweißgenuß sein. Dagegen liegen Nachweise über die Steigerung des Zuckerkonsums vor, welche mit dem auffälligen Größenwachstum und dem erhöhten Gewicht der untersuchten Eskimogruppe parallel gehen. Auch in unserem europäischen Lebensbereich halten manche Beobachter den Zucker im frühen Kindesalter als erheblich beteiligt. In Japan wird zwar das Protein gerne für die Akzeleration verantwortlich gemacht, wie es aber mit der vermehrten Zufuhr von Zucker in der Kost des Fernen Ostens steht, ist bisher wenig beachtet worden.

Die Einsicht in die Bedeutung der Vitamine, das vermehrte Wissen um die Wertigkeit der verschiedenen Nährstoffe, der Wille zur Beeinflussung von Körpergewicht, Gesundheit und Aussehen durch eine immer weiter getrieben Steuerung der Eßgewohnheiten – das alles hat sich im gleichen Sinne ausgewirkt. Wir wollen aber nicht daran vorbeisehen, daß an vielen Orten während längerer Perioden von Mangelwirtschaft die Akzeleration trotzdem weiter fortgeschritten ist. So in den Wirtschaftskrisen in Japan, in den USA oder in der Tschechoslowakei. Wir wollen auch nicht übersehen – was sicher mit guten Gründen betont worden ist –, wie sehr psychische Faktoren in alle diese Prozesse eingreifen. Es könnte wohl sein, daß der Rückgang der Akzeleration in den Kriegsjahren weniger der Ernährungslage zuzuschreiben ist, sondern vielmehr der seelisch-geistigen Belastung, welche solche Katastrophen über die Bevölkerung verhängen.

Unter den Umwelteinflüssen, die man für unser rätselvolles Phänomen verantwortlich machen möchte, steht der veränderte Umgang der Menschen mit dem Licht an nächster Stelle. In unserem Jahrhundert ist in stetig steigendem Ausmaß ein ganz neuer Hang zu Freiluft und Lichtbad entstanden, so daß man wohl von einem neuen Sonnenkult sprechen darf. Wenn es aber gilt, die Wirkungen dieser neuen Lichtkultur im einzelnen aufzuzeigen, wird die Lage schwierig und widerspruchsvoll: Es will mir scheinen, daß heute der Lichthunger als Erklärungsfaktor der Akzeleration eher abgewertet ist.

Im Rampenlicht der Beachtung steht dagegen ein komplexes Geschehen, das als »Verstädterung« bezeichnet wird. Die besondere Großstadtkultur, die einst noch lokal begrenzt, im großen gesehen sich punktförmig auswirkte, ergreift heute durch die neuen Kommunikationsmittel und Massenmedien immer mehr die gesamte Bevölkerung. Dem entspricht denn auch die Ausbreitung des Akzelerationsphänomens zuerst auf alle Schichten der Städter und schließlich immer weiter hinaus in alle ländlichen Gebiete. Es handelt sich dabei um das Zusammenwirken von vielen unbewußten Prozessen, die sich alle der psychischen Wege bedienen.

Wenn man heute von Reizfluten spricht, so darf man nicht nur an die Bruchstücke denken, die der Durchschnittsmensch bewußt aufnimmt, man muß sich vielmehr besinnen auf die kaum noch übersehbare, unbewußt wirkende Reizzufuhr durch die moderne Großstadt. Wir dehnen das Tagleben immer weiter in die Nachtzeit hinein aus: Der natürliche Tagesrhythmus ist vielfach gestört, wenn nicht aufgehoben. Drogen müssen nur allzu oft helfen, die nötigen Schlaf- und Wachstunden zu sichern. Die Zeiträume, die für flüchtige Lektüre bereitstehen, ebenso wie der ins Unheimliche vermehrte Lesestoff wirken hier mit. Der Einfluß von Film, Radio, Fernsehen, ebenso wie der von Massenereignissen des Sports, aber auch die weitgehende Intellektualisierung der Schulung – alles das arbeitet in gleicher Art: Mit einem verhältnismäßig bescheidenen Anteil bewußten Erlebens und mit einer großen unbekannten Befrachtung mit unbewußten Reizwirkungen. Es ist kein Zufall, daß einer der besten Kenner dieser Verhältnisse im Jugendalter, der Kinderarzt C. Bennholdt-Thomsen in Köln, diese Situation als ein »Urbanisierungstrauma« charakterisiert. Es ist auch verständlich, daß gerade die Forscher und Ärzte, die mit den negativen Äußerungen dieses Traumas zu tun haben, seiner Auffassung ganz besonders großes Gewicht geben.

XI
VERSUCH EINER SYNTHETISCHEN SICHT

Die Münchner Zeit im Jahre 1922 hat wohl die innere Entscheidung für die biologische Arbeit als Zentrum endgültig bestimmt, zugleich aber stellte sie die Existenzfrage immer drängender. Die Geldentwertung in Deutschland, das Chaos des Alltags, das diese Katastrophe mit sich brachte, das war eine wirksame Mahnung zur Besinnung auf die Schwierigkeiten, welche einer brotlosen Kunst entgegenstanden, wie ich sie als Lebensplan damals vor mir hatte. So wurden die Stunden und Halbtage im Zoo von Hellabrunn immer häufiger, an denen ich den Formenschatz für meine publizistischen Vorsätze nach Kräften vermehren wollte. Ausdrucksstudien lagen mir ganz besonders am Herzen. Das Blatt mit den Malayenbären ist ein kleines Zeugnis dieser Bemühung. Noch gab es dem Namen nach keine »Verhaltensforschung« oder Ethologie, wie die neue Richtung sich heute nennt. Aber in der Stille bereitete sich die Wendung damals an vielen Orten vor – meine Zeichnerei ging unbewußt in derselben Richtung: ich wollte die Tiere jeweils in ihren kennzeichnenden Haltungen und Ausdrucksweisen festhalten. Wie viele Entwürfe von solchen Tierbildern liegen heute als Dokument jener Zeit des Suchens in meinen Mappen – und es gibt oft noch heute Augenblicke, wo ich das eine oder andere Ungeborene doch gerne zur Entwicklung bringen möchte.

Vor uns breitet sich ein verwirrend vieldeutiges Bild aus, wenn wir das Phänomen der beschleunigten Entwicklung unserer Jugend überschauen. Darf man, angesichts dieser Lage, überhaupt den Versuch einer Stellungnahme wagen? Ich bin nach jahrelanger Auseinandersetzung mit diesem Fragenkomplex der Auffassung, daß wir das Wagnis unternehmen müssen, daß von jeder Generation mit ihren Mitteln immer wieder der erneute Versuch einer Synthese gewagt werden sollte, wenn wir nicht auf jegliche Einsicht in Erscheinungen verzichten wollen, die uns alle angehen. Wir dürfen freilich von einem solchen Versuch nicht das Unmögliche erwarten, kann es sich doch nur um das Aufzeigen von Zugangswegen handeln, die uns einem Verständnis wenigstens etwas näher bringen können.
Ein erster solcher Weg führt zur Eigenart unserer menschlichen Erbmerkmale. Wie bezeichnend ist bereits die Entstehung der wesentlichen Kennzeichen unserer Art, der aufrechten Haltung, der Sprache und des Denkens: All das wird doch nicht im Innern des Mutterkörpers zur vollen Reife entwickelt; die Erbanlagen können nur unter dem Einfluß der sozialen Gruppe voll ausgeformt werden.
Es ist kein Zufall, daß die Auslese von Begabungen auch in unserer Zeit der Talentjagd sich nicht durch das Suchen nach Erbfaktoren vollzieht, sondern nach wie vor durch das Auffinden von bereits ausgeformten Verhaltensweisen, die bereits ein kompliziertes Ergebnis von Erbstruktur und Milieu sind. Das Suchen nach stammbaumgemäßen Verbindungen bei den letzten Adelsgeschlechtern wird ja niemand als Begabtenförderung auffassen. Wenn wir die menschliche Verhaltensform etwa als »weltoffen« bezeichnen, meinen wir eben diese Bestimmbarkeit durch die Umgebung, die im geglückten Dasein bis ins höchste Alter immer wieder neue Lösungen in neuen Situationen möglich macht.
Das Wissen um die Sonderart der Ausformung unserer individuellen Eigenschaften zwingt uns – um auf unser Problem zurückzukommen –, auch in den Erscheinungen der Akzeleration nicht einseitig die Auswirkung erblicher Eigenschaften zu betonen, sondern

das Zusammenwirken von ererbten offenen Anlagen mit Prägungsfaktoren der Umgebung, d.h. in diesem Fall mit den sich wandelnden Zeitumständen.

Wie aber diese äußeren Umstände sich auf die Ausformung körperlicher und psychischer Eigenheiten des einzelnen auswirken, das ist noch weitgehend unbekannt. Immerhin wird es für das Anbahnen eines Verständnisses wichtig, die Wege aufzuzeigen, auf denen die Forschung Aufschlüsse zu finden hofft.

Wir wissen, daß unser Auge und die mit ihm verbundene Sehbahn des Gehirns zwei ganz verschiedene Leistungen ermöglicht. Da ist – für unser bewußtes Erleben dominierend – der sinnesmäßige Anteil, der unsere visuelle Beziehung zur Umgebung bewirkt. Er enthält außer den Vorgängen, die bewußt werden, auch viele Wirkweisen, die uns unbewußt bleiben. Aber die optische Reizung hat noch einen wichtigen anderen Anteil, den man den energetischen nennen kann: Unbewußte Abläufe, die von der Sehbahn vor allem zu bestimmten Zonen des Zwischenhirns, dem sogenannten Hypothalamus, gelenkt werden und die dort im Nervensystem die Ausbildung von Hormonen bewirken. Diese Neurosekretion gibt Stoffe in die Blutbahnen ab, deren Bestimmung wir noch wenig kennen und die z.T. auf bestimmte Zonen des Hirnanhangs, der Hypophyse, einwirken.

Für unsere heutige Betrachtung ist wichtig, daß auch Wachstumssteigerungen im Tierversuch beobachtet worden sind, die auf solche Augenreize zurückgehen. Die Tierzüchter wissen übrigens, daß akustische Reize unter Umständen den Fettansatz oder die Milcherzeugung von Haustieren anzuregen vermögen. Der Umweg über die Musik im Stall und ihre wirtschaftlichen Folgen bringt natürlich auch das Denken über Akzelerationsfragen auf neue Ideen.

Der Erzeugung von Neurohormonen entspricht das Antwortsystem der Organe, also wiederum eine erblich vorbereitete Struktur, die auf diesem Wege den Augenreizen zugänglich wird. Das Studium der Hormondrüsen und die Synthese ihrer Hormone durch die biochemische Technik ist daher nur eines der Ziele, das andere ist die vertiefte Einsicht in die erblich angelegten Reaktionen der verschiedenen Organe – vor allem auch das Wissen um die Wirkung eines bestimmten Hormons auf ein Organ in verschiedenen Phasen unseres Lebens. Ein Beispiel mag diesen Aspekt deutlicher machen – ich wähle ein Geschehen, in dem die so lebenswichtige Schilddrüse im Spiel ist.

Man hat im Zusammenhang mit der Bekämpfung des Kropfes die vermehrte Jodzufuhr beim Menschen in ihrer Auswirkung auf das Wachstum in Kindheit und Jugend geprüft. Es zeigte sich zunächst, daß eine solche vermehrte Jodzufuhr in den Mutterkörper auf das werdende Kind keinen Einfluß hat, daß aber auch die Zufuhr in der Kindheit bis zum 7. Lebensjahr wirkungslos bleibt und schließlich, daß auch die Spätphasen des Pubertätsschusses, die Zeit des abklingenden Wuchsimpulses also, vom vermehrten Jodgehalt nicht beeinflußt werden. Dagegen zeigt sich ein deutlicher Anstieg des Größenwachstums bei den so behandelten Elfjährigen, also in der mächtigen Phase des beginnenden Pubertätswuchses. Ein Einfluß wie die vermehrte Jodzufuhr kommt also nur in einer streng begrenzten Lebensperiode zur vollen Auswirkung.

Diese Experimente sagen selbstverständlich nichts aus über den Einfluß der Schilddrüse und des Jodstoffwechsels auf die Erscheinungen der Akzeleration – es handelt sich vorerst einfach darum, zu beachten, wie streng die Ansprechbarkeit der Organe zeitlich geregelt sein kann. Ich erwähne dieses Beispiel, weil es uns wenigstens einen Blick in das Getriebe der Pubertätserscheinungen erlaubt und uns so an viele noch unbekannte Beeinflussungen der Wachstumsperiode mahnen kann.

Während die Erzieher vor allem das Wirken der bewußten Sinneseindrücke, der Bilder und Worte studieren und abwägen, ist vorderhand das besondere System, das Sinnesreize zu den neurohormonalen Bahnen lenkt, ein noch zu erforschender Bereich, der wohl auch die Lösung mancher Rätsel bergen dürfte, die uns das Akzelerationsgeschehen aufgibt.

Es besteht aber noch ein anderer Bereich, von dem aus ein Blick in die Hintergründe der Akzeleration möglich ist. Es ist die altbekannte und doch so rätselhafte Tatsache, daß es besondere Typen des Körperbaus gibt, denen typische seelisch-geistige Eigenarten entsprechen. Gestalten wie Don Quijote und Sancho Pansa sind ja nicht freie Erfindungen der Phantasie, sondern große Funde der dichterischen Intuition, die sich an der Wirklichkeit nährt. Es ist nun freilich hier nicht der Ort, in das Dickicht der Meinungen über Typenlehren einzutreten. Doch scheint es mir unerläßlich, aus dem großen Fragenkreis einige Tatsachen und Probleme herauszuschneiden, in denen ich wichtige Hinweise für ein Verständnis des Rätsels der Akzeleration finde.

Die medizinischen und psychologischen Versuche, unseren Körperbau in Grundtypen zu gliedern, führen dazu, zwei Extreme herauszuheben: den gedrungenen, massigeren Wuchs, den man oft als Pykniker bezeichnet, und den schlanken, aufgeschossenen Leptosomen. Diesen Extremtypen entsprechen besondere Arten der Weltzuwendung: Der Pykniker lenkt seine Aufmerksamkeit mehr auf das Ganze eines Beobachtungsfeldes, er läßt sich aber leicht ablenken; Gemütswerte des Erlebens wirken betont, auch spricht er auf das Farbige stark an. Er ist der äußeren Welt zugewandt, anpassungsfähig, leicht erregbar – ein Mensch, wie man gern sagt, von Herz und Gemüt, der auch als extravertiert bezeichnet wird.

Der Leptosome dagegen neigt eher zur Spaltung des Augenmerks, zur Analyse des einzelnen; enger begrenzte konzentrierte Aufmerksamkeit ist häufiger, wie auch die kühlere Distanz zu den Dingen und das Beachten der Form vor der Farbe. Er entspricht stärker dem als introvertiert bezeichneten psychischen Typus. Es muß uns klar sein, daß wir hier Extreme charakterisieren und daß natürlich die Großzahl der Menschen sich zu einer mittleren Masse vereint und die Sonderungen der eben erwähnten Gruppenmerkmale nicht so deutlich zeigt. Immerhin haben die verschiedensten Typenlehren

– und es gibt ihrer eine große Zahl – unter den verschiedensten Namen doch immer wieder die Realität der eben erwähnten Extremformen erkannt, wobei der pyknisch-extravertierte häufiger in relativer Reinheit sich findet als der in viel mehr Varianten gespaltene leptosom-introvertierte Mensch.

So rückte der pyknische Tip in meiner anthropologischen Arbeit früh schon in ein besonderes Licht. Die Typenlehren sind meist von Männern gemacht und an Männern dargelegt worden. Versucht man, die Frau einzugliedern, so zeigt sich ein Überwiegen pyknischer Eigenheiten im großen und ganzen – und erhebliche Schwierigkeit, Typengruppen für Frauen zu finden. Das Dominieren pyknischer Züge bei der einen Hälfte der Menschen wurde mir bedeutungsvoll für meine weiteren Erwägungen.

Betrachten wir die Entwicklungsperiode, so fällt auf, daß im Werdegang des einzelnen, in unserer Ontogenese, zwei Abschnitte folgen, die ganz ausgesprochene Eigenheiten der beiden Extremvarianten der leib-seelischen Typen zeigen: Eine erste Periode der Kindheit ist im Körperbau ganz unbestritten pyknomorph und in ihrer Weltbeziehung von der Imagination und vom Gefühl beherrscht. Nicht umsonst ist diese Zeit das große Märchenalter und die Periode extremer Vermenschlichung der Natur. Mit der Pubertät aber beginnt nicht nur eine völlige Veränderung der Wuchsform, die leptomorphe Phase des Hochwachsens, sondern auch die sehr viel stärkere Ausprägung der rationalen Geisteskräfte, der Abstraktion und der intellektuellen Art des Erlebens. Dies ist nicht umsonst die Periode, gegen deren Abschluß hin sich der Jugendliche mit sehr guten subjektiven Gründen als ganz besonders gescheit vorkommt.

Die vorhin betonte Korrelation von Leiblichem und Seelischem wird durch die zwei so ausgeprägten Phasen unseres individuellen Werdens als eine rätselhafte Wirklichkeit kräftig bezeugt. Wer kann sich der Folgerung verschließen, daß eine innere Einheit psychosomatischer Art besteht, wie wenig wir auch über die letzten Ursachen dieses eigenartigen Zusammenhangs aussagen können?

Wir dürfen gewiß nicht einfach achtlos an den Anzeichen vorbeigehen, die uns von den eben dargelegten Korrelationen für das Problem der veränderten Jugendzeit angeboten werden. Es besteht kaum ein ernsthafter Zweifel darüber, daß bei den Akzelerierten seelisch-geistige Dispositionen stärker hervortreten, die wir eben vorhin als dem schlankwüchsigen Typ zugeordnet fanden. So beobachten auch die Nervenärzte und die Jugendpsychiater eine verstärkte Labilität, oft recht beträchtliche intellektuelle und analytische Fähigkeiten bei gestörtem Gemütsleben, und was viele Erzieher im späteren Schulalter beobachten, spricht eine ähnliche Sprache.

Wir dürfen aber auch nicht daran vorbeisehen, daß gerade diese Eigenheiten ganz besonders durch die Einwirkung der gegenwärtigen Zivilisation gefördert werden, daß unsere gegenwärtige Lebensform geradezu das ideale Milieu für ihre Entwicklung darstellt. Die Forderung nach gesteigerter Begabtenauslese geht leider nicht in erster Linie nach harmonischen Menschentypen, sondern sie richtet sich sehr einseitig auf intellektuelle Fähigkeiten sowie auf rasche Anpassung und leichtes Umschalten. Dem kommt entgegen, daß »Wendigkeit« unter den vorherrschenden Faktoren der jüngsten Generation im höheren Schulalter hervorgehoben wird, wobei die einen darin eine lebhaftere Form der Intelligenz sehen, während andere dieses Zeichen eher negativ werten. Der Stärkung der rationalen analytischen Weltbeziehung der erwähnten Wendigkeit mit geringem Durchhaltewillen steht das klare Vernachlässigen ganzheitlichen und gemütsverbundenen Fühlens und Denkens gegenüber, ebenso eine solche der reichen Imagination und des willensmäßigen Beharrens.

Konstitution und Zeitgeist

Ich wage es, auf Grund der Einsichten, welche uns der Versuch von Typenlehren vermittelt, die Akzeleration zu interpretieren. Mehr als ein Versuch kann es in der heutigen Phase der Orientierung nicht sein.

In dieser Sicht erscheint die technische Zivilisation des Abendlandes, die sich jetzt über die ganze Erde hin ausbreitet, von Erscheinungen dominiert, die unter den vorhin erörterten Typen den Pol des schlankwüchsigen, aufschießenden Menschentypus, den Pol des vegetativ-stigmatisierten, einer intellektuellen und zergliedernden Geistesart zugeneigten Menschen begünstigen. Die gegenwärtige Schulung hilft daran mit, wie deutlich auch die Gefahren dieser Einseitigkeit von vielen erkannt werden. Wir stellen dies fest, ohne die Gründe etwa geringzuachten.
Die unablässig tätige Maschinerie, welche alle Massenmedien mit geistiger Nahrung beschickt, führt zu einer Bevorzugung von rasch wechselnden, zerfahrenen Interessen des Augenblicks. Alle diese Faktoren wirken sich bereits in den ersten Jahren der Kindheit durch alle unbewußten Seelenpfade aus. Sie verbreiten sich immer mehr über alle Zivilisationen, auch über solche, die bisher noch einer ursprünglichen, primären Lebensform verpflichtet waren. Die Menschen werden über weite Länder hin immer mehr von diesem Faktorenspiel ergriffen und bearbeitet und entsprechend in ihrem Erscheinungsbilde wie in ihrem geistigen Sein verändert.
In diese Veränderung beziehungsweise Verwandlung sind die vorhin bereits hervorgehobenen Erbbedingungen miteinbezogen. Auf lange Sicht begünstigt der formenschaffende und geistverwandelnde Einfluß unserer Zivilisation im sozialen Tun auch die Selektion von bestimmten Erbkombinationen durch ein Bevorzugen ihrer auffälligen Manifestationen. Wie weit zudem die Vermischung relativ fremder Erbgüter, also die »Heterosis« mitwirkt, ist schwer zu erfassen, aber nicht zu vernachlässigen.
Überblicken wir die Beziehungen von Erbeinflüssen und Umwelt, so stehe ich unter dem Eindruck, daß den Umweltfaktoren, die unmittelbar gestaltend auf das Einzelwesen einwirken, der mächtigste Einfluß zukommt. Es geht nicht darum, die Erbanlagen zu verkennen, es gilt, die Besonderheit ihrer Prägsamkeit, die ja mit unserem Weltoffensein zusammenhängt, richtig einzuschätzen. Dann wird

man der Folgerung kaum entrinnen können, daß die Entwicklungsbeschleunigung und die Vorverlegung der Reifung in vorderster Linie das Werk der dominanten Geisteshaltung der okzidentalen Zivilisation sein dürfte.

Diese Deutung gibt vielleicht auch einen Schlüssel für ein vielbeachtetes Phänomen, das zuweilen als »Harmonisierung der Akzeleration« hervorgehoben worden ist. Neben den vielen pessimistischen Stimmen, welche das so umstrittene Geschehen als eine Entartung sehen wollen, haben sich in jüngster Zeit auch Ansichten zu Wort gemeldet, welche darauf hinweisen, daß sich in den letzten Jahrzehnten das Gesamtbild der Akzeleration zugunsten einer harmonischeren Gestaltung verschoben habe. Mußte vor einigen Jahrzehnten noch dieses Bild vor allem mit negativen Kennzeichen versehen werden, und konnte beträchtliche Disharmonie der Gesamterscheinung kaum verkannt werden, so finden sich heute – in vermehrtem Maß – andere Beurteilungen. Dies scheint mir der klare Hinweis darauf zu sein, daß die gewaltige Steigerung aller Faktoren, welche Akzeleration bedingen, heute zur Folge hat, daß sämtliche Konstitutionstypen von diesen Einflüssen erfaßt und gemodelt werden. Wird so in der Gegenwart auch der Extrempykniker in gewissem Grade von Faktoren des Hochwuchses beeinflußt, so formt er sich zu einem Hochwüchsigen von verhältnismäßig normaler Gesamterscheinung aus, die sehr wohl eine positive Wertung bewirken kann. Die Ausbreitung der Akzelerationswirkung über die Gesamtheit der Konstitutionsformen wird daher einer optimistischen Beurteilung Vorschub leisten und manche Gedanken der Frühzeit vor 1914 an eine rassische Verbesserung des abendländischen Menschen wieder aufleben lassen.

Der Versuch, Wege zu einem Verständnis der Akzeleration zu zeigen, führt nicht zu einigen wenigen Faktoren, sondern zur Einsicht in einen sehr vielseitigen Komplex von Ursachen. Unter ihnen sind solche wie die Erbgeschehnisse, die wir nur sehr indirekt beeinflussen können. Dominierend aber erscheinen sehr viele Vorgänge, die durchaus unserem Einfluß zugänglich sind und die deshalb erzieherische Aufgaben stellen. Auf solche Möglichkeiten des Einwirkens hinzuweisen, ist mir besonders wichtig.

Voraussetzung ist aber, daß wir bewußter die Tatsache ernst nehmen: Die verlängerte relativ autonome Jugendzeit! Jenseits der Kindheit ist durch die Vorverlegung der Geschlechtsreife und durch die steigende Komplexität der sozialen Verhältnisse, welche zu einer späteren Sozialreife führen, ein besonderer Lebensraum entstanden, dessen Anerkennung sich die Jugend seit beträchtlicher Zeit ertrotzt und auch gesichert hat. Die auf Gewinn, auf Erweiterung des Marktes und Steigerung des Warenabsatzes bedachte Welt der Wirtschaft hat diese Jugendzeit seit geraumer Zeit durch Werbung um die Gunst dieser Altersstufe anerkannt und bietet zahlreiche Erzeugnisse auf dem Markt an, welche auf die Sonderart dieses Lebensabschnittes berechnet sind. Dabei ist es deutlich genug, daß hier der Drang nach leichtem Gewinn durch Überredung und Provokation wirksamer ist als der Wille zu sinnvoller Gestaltung dieser Jugendphase.

Wir stehen also vor der Aufgabe, Gestaltungen zu finden, welche diesem juvenilen Raumzeit-System angemessen sind, eine Aufgabe, welche die alte und die junge Generation gemeinsam angeht. Es gilt, Lebensformen zu suchen, welche die oft rein negative Aggressivität des Handelnwollens in positivere Tätigkeit verwandeln, die aber auch zugleich über das allzu passive Erleben als Zuschauer im Sport, im Film, vor Fernsehgerät oder Radio hinausführen. Viele der gegenwärtigen Lösungsversuche zeigen, wenn man unter die geräuschvolle Oberfläche schaut, doch deutliche Züge einer kollektiven Einsamkeit der Jugend. Wer näher zusieht, entdeckt, wie lebendig die Sehnsucht vieler ist, aus dieser besonderen Form des Einsamseins hinaus zu echtem Zusammenleben zu kommen. Was etwa der Hochschullehrer angesichts der steigenden Zahl von Frühehen gerade unter Studierenden erlebt, erscheint mir als ein Zeugnis unter vielen für den Willen zu verantwortungsvollem Tun und echter menschlicher Gemeinschaft.

Es wäre mein Wunsch, mein Überblick möge den Eindruck bestärken, die Erscheinungen der Akzeleration seien nicht unentrinnbare Naturvorgänge, die an uns geschehen, sondern Prozesse, die von der Eigenart unserer Lebensform trotz der wirkenden Naturfaktoren weitgehend abhängig sind, und die wir auch auf weite Sicht beeinflussen können, falls wir zu weitblickender Planung fähig sind. Die Eigenart des menschlichen Entwicklungsgeschehens, in dem Leib und Geist so sehr von der Lebensform der Gruppe, von Tradition und Sprache mitgestaltet werden, öffnet Möglichkeiten der Beeinflussung, die wir nicht gering achten sollten. Jede menschliche Sozialstruktur, und eine solche ist das autonome verlängerte Jugendalter, muß als eine Einheit von vitalen Abläufen und sozialen Einflüssen gesehen werden und kann nie als Naturgeschehen allein erklärt werden. Eben dieser Ausblick auf eine Möglichkeit des Einwirkens, auch wenn es dabei um ein Fernziel geht, hat mich seit vielen Jahren bestimmt, die Erscheinungen der Akzeleration besonders ernst zu nehmen.

Zu neuer Zielsetzung: Umwertung der Werte

Es geht schließlich darum, ein Menschenbild in unserem Geiste zu hegen, das uns hilft, in den Augenblicken der Entscheidung den richtigen Kurs zu wählen. »Richtig«, das kann nur heißen durch ein Ziel bestimmt, das wir als wertvoll, als erstrebenswert erachten.

Ich mußte ausführlicher auf einige Ergebnisse der Typenforschung eingehen. Am Ausgangspunkt stand der gedrungene, extravertierte Mensch dem Hochwüchsigen, Introvertierten etwas schematisch gegenüber. Die weitere Darstellung hat wohl deutlich gemacht, daß der erstgenannten menschlichen Ausprägung eine umfassendere Bedeutung zukommt, indem sie einerseits körperlich wie geistig die frühen Jahre jeder Einzelentwicklung kennzeichnet und anderseits auch im weiblichen Geschlecht die ausgesprochene Dominante ist. Diesem Übergewicht des pyknischen, extravertierten Menschen muß noch beigefügt werden, daß es manche Rassentypen des Menschen gibt, die im wesentlichen von dieser Art sind und die man darum auch etwa paidomorph, also kindhaft Gestaltete nennt. Außerdem ist das archaische Geistesleben, so weit zurück wir es kennen, einer Erlebnisweise verpflichtet, die klar die Kennzeichen des extravertierten Menschentypus trägt.

Alles drängt dazu, in dieser Einheit von Erlebnisweise und Körperform einen archaischen Zug, aber auch in unserer Zeit eine Grundsituation des Menschlichen zu sehen, die ich deshalb zuweilen als den »Grundmenschen« hervorgehoben habe. Ihm gegenüber erscheint der andere Typ, der leptosome und introvertierte, weniger ausgeprägt als eine Einheit, vielmehr als eine Mannigfaltigkeit von Abweichungen in verschiedenen Richtungen. Ich möchte die Gesamtheit dieser Abweichungen der basalen Gestaltung als »Kopfmenschen« gegenüberstellen, in vollem Bewußtsein des Unzulänglichen solcher Abkürzungen, aber doch in der Gewißheit, daß eine solche Gliederung auf dem Weg zur Klärung hilfreich sein kann.

Dieses Herausstellen der grundmenschlichen Züge hat nicht nur einen theoretischen Wert, es kommt ihm auch eine heilende Wirkung zu. Es erscheint mir gerechtfertigt, in der Konstitution, die hier als gründend umschrieben ist, eine bedeutungsvolle Sicherung des humanen Wesens in seiner Einheit von Körper und Geist zu sehen. Diese Folgerung entspricht auch der des Arztes, solange er seinen Beruf nicht in der Aufgabe sieht, den modernen Menschenzüchtern und Arbeitern des biotechnischen Eingriffs in die Hand zu arbeiten, sondern in Ehrfurcht vor dem Geheimnis der leib-seelischen Einheit zu handeln, dieses Ganze zu wahren, heilend einzugreifen, wieder herzustellen, wo die lebendige Harmonie gestört erscheint.

Diese Haltung sollte auch die des Erziehers sein. Die Kräfte, die heute in unbewußtem Wirken die extremen Entwicklungsweisen zum technischen Menschen begünstigen und erzwingen, sind in unserer Gegenwart stark genug und bedürfen im Augenblick ganz bestimmt keiner Hilfe. Dagegen benötigt unsere Zeit dringend Erzieher, denen die Grundstruktur des Humanen einen Wert bedeutet und die deshalb bereit sind, auch manchen Forderungen unserer technischen Zeit entgegen das Grundmenschliche durch ihr Wirken zu fördern und zu pflegen.

Wir haben dieses Grundmenschliche erkannt als ein Wesen, welches der Außenwelt freudigen Sinnes zugewandt ist, in welchem sich starke Kräfte der Imagination, der Form schaffenden Einbildung regen – als einen Menschen, der sich einer sozialen Umgebung aufschließt und zur Hingabe an die Gruppe fähig ist. Wir fanden, daß der gedrungenere Körperbau mit diesen Eigenschaften in stärkerem Maße verbunden erscheint, daß in ihm bei voller geistiger Reife das Gemütsleben wie das Schaffen des Verstandes in Harmonie sind. Wir sahen, daß die weibliche Lebensform dieser bewahrenden Mitte des Humanen besonders nahe bleibt sowie auch unsere Kindheit in den entscheidenden Frühjahren dieser menschlichen Wesensform anvertraut ist.

Die Menschheit verdankt diesem Gleichgewicht von Gemüt und Intellekt tiefe Geistesschätze des religiösen Erlebens, herrliche Werke des künstlerischen Gestaltens und der Dichtung. Wir haben darum allen Anlaß, uns auf die Bedeutung der grundmenschlichen Eigenart zu besinnen. Wir sollten dies besonders in einer Zeit, in der mächtige Kräfte, die wir selber entfesseln halfen, extreme Umformungen dieses Grundtypus begünstigen. Ich sage dies in vollem Wissen um die Bedeutung des andern Menschentypus, den ich den Kopfmenschen nannte. Zum Ganzen der Menschheit gehören auch diese Varianten. Wenn es aber um ein Gleichgewicht der Gemütskräfte und des Intellekts geht, dann müssen wir alles versuchen, damit in den entscheidenden Jahren unseres Werdens, in Kindheit und Jugend, jene Kräfte zur Geltung kommen, welche Harmonie sichern, und daß die andern gebändigt bleiben, welche diese Harmonie nachweisbar gefährden.

Das klingt so, als werde das Lob des Mittelmäßigen verkündet! In Wirklichkeit geht es mir darum, diesem Wort »Mittelmaß« seinen tieferen Sinn wiederzugeben, eben den Sinn von Mitte und Maß, von Harmonie des Leibes und des Geistes. Wenn ein solches Menschenbild das Einbeziehen unserer Jugend und unsere Versuche zur Gestaltung ihrer Lebensform bestimmt, wenn der Wert dieses Menschentypus auch dem Jugendlichen deutlich vor Augen steht, dann kann man hoffen, einen lenkenden Einfluß in der Zukunft auszuüben, der nicht zu unverantwortlichen Manipulationen am Menschen, zur Erziehung von technisch wünschbaren Varianten führt, sondern für die kommenden Generationen die Sicherung einer Einheit darstellt, an der wir nicht mit technischem Denken da und dort herummodeln, sondern in Ehrfurcht das Ganze zu bewahren suchen.

XII
STUFEN DES LEBENS

Die Elefantenskizze in Hallabrunn hatte ihren besonderen Platz in meinen Träumen von kommenden Büchern! Skizzen der Basler Elefanten (sie gehörten zur indischen Art) lagen seit der Schulzeit bereits in meinen Mappen. So ging es mir um den Vergleich mit der afrikanischen Form in München, weil ich in meinen Zukunftsplänen den Ehrgeiz hatte, bessere Darstellungen der kennzeichnenden Kontraste verwandter Tiergestalten zu geben. Dazu gehörte auch der Gegensatz der zwei auffälligen symmetrischen Stirnwölbungen des Inders gegenüber der flacheren Stirn des afrikanischen Vertreters. Es sollten aber auch in der geplanten Darstellung Kontraste zur Geltung kommen, welche mit dem Vorherrschen bestimmter Sinnesbereiche zusammenhängen, so etwa der Gegensatz der Gestalt eines auf Geruchsreize eingestellten Säugetiers im Vergleich zur Organisaton einer visuellen oder akustischen Beziehung zur Umwelt, Unterschiede, die im Ausbildungsgrad des Gehirns nachweisbar sind.

Aus diesen immer wieder erneuten Versuchen, die Gestalt, die Erscheinung der Organismen in ihren Bedeutungen zur Beachtung zu bringen, ist schließlich 1948 nach langer Vorbereitung »Die Tiergestalt« entstanden, ein Buch, das mir besonders am Herzen liegt, weil ich sehe, wie sehr es doch immer noch ein Rufer in der Wüste geblieben ist.

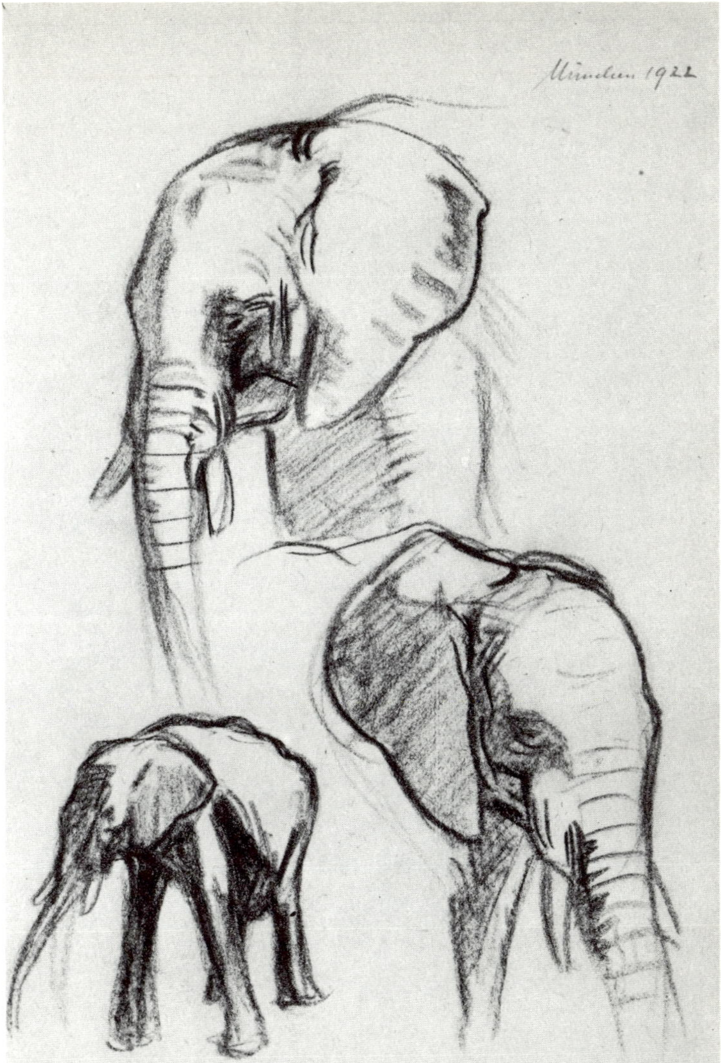
München 1922

Wie viele grundlegende Ansichten haben sich gewandelt in den Jahrzehnten, denen diese Umschau vor allem gilt, in der Zeitspanne, die ich selber als Biologe bewußt miterlebt habe. Aber wenn ich diese Veränderungen des biologischen Denkens gegeneinander werten müßte, so erscheint mir ein Umschwung besonders bedeutungsvoll: das neue Denken um den Ursprung des Lebens. Vielleicht würden viele das Enträtseln der Chromosomenstruktur voranstellen. Indessen lag hier eine unbekannte Struktur vor, deren verborgene Gesetzmäßigkeit als Problem vor uns war, wie weit auch der Weg zur Klarheit war und wie hoch wir die Leistung einschätzen, die zur Entdeckung der Doppelhelix und ihres Sinnes geführt hat. In der Ursprungsfrage erscheint mir der Kontrast ein anderer, der Sprung ein größerer.

Wie war es denn bei meinem Studienbeginn? Wenn die Forscher nicht aus religiösen Überzeugungen die Entstehung des Lebens als ein undurchdringbares Geheimnis auffaßten, so gab es nur zwei Möglichkeiten: entweder ist das Leben aus der Weite des Weltalls auf die Erde gelangt, oder es ist durch »Urzeugung« auf unserem Planeten selbst entstanden. Ich stelle die Idee des kosmischen Ursprungs voran, weil die Urzeugung auf Erden gerade Forschern von Rang, so etwa Hermann Helmholtz, Lord Kelvin oder Svante Arrhenius, also Vertretern des Denkens der Physiker, so unwahrscheinlich vorkam, daß sie der Vorstellung von der Existenz kosmischer Lebenskeime – ja sogar der Ewigkeit dieser Gebilde – den Vorzug gaben. Die Frage nach der Herkunft des Lebens geriet in die Nähe des Problems der Entstehung von Materie überhaupt und galt für viele Denker als einer wissenschaftlichen Antwort unzugänglich.

Von der andern Möglichkeit, der Urzeugung lebendiger Wesen auf Erden, lasen wir damals (1915), das sei eine Frage, bei der es dem Physiologen vom Fach fast unheimlich zumute werde. Noch war die Überzeugung weit verbreitet, die der Botaniker Karl Naegeli bereits 1881 ausgesprochen hatte, als er die Antwort auf die Frage nach der Entstehung des Lebens als im innersten Heiligtum der Physiologie verschlossen annahm.

Das Ursprungsproblem stand für viele Naturforscher im Licht (oder sollen wir sagen im Schatten) uralten Schöpfungsdenkens, so wie es noch Darwin, der radikale Neuerer, sah. Der erste Entwurf seiner Theorie um 1842 endet mit einer vorsichtigen Formel: »Es ist eine schlichte Größe in der Ansicht, daß das Leben mit seiner Macht des Wachstums, des Stoffwechsels und der Fortpflanzung am Beginn der Materie in einer oder wenigen Formen eingeatmet worden sei, . . . und daß von einem so einfachen Ursprung durch den Prozeß einer graduellen Auslese von kleinsten Änderungen endlose Formen in wunderbarer Schönheit sich entwickeln konnten.« 17 Jahre später, im großen Hauptwerk über den Ursprung der Arten, ist dieser Schlußsatz an einer entscheidenden Stelle abgeändert – 1859 heißt es: »Es ist eine wahrlich großartige Ansicht, daß der Schöpfer den Keim alles Lebens, das uns umgibt, nur wenigen oder nur einer einzigen Form eingehaucht hat.« Es geht hier nicht darum zu entscheiden, ob diese späte Änderung eine Konzession an den herrschenden Glauben ist – wesentlich ist in den beiden Fassungen das Wirken eines übernatürlichen Einfluses, der das Erscheinen von Leben erklärt.

Noch 1915 finden wir im »Handwörterbuch der Naturwissenschaften« nur die vage Annahme, man werde »der Hypothese der Urzeugung die Anerkennung nicht versagen können, daß sie beim heutigen Stand unserer Kenntnisse den logisch konsequentesten Weg darstellt, um ohne Zuhilfenahme der Metaphysik eine Vorstellung von der Entwicklung des Lebens auf der Erde zu gewinnen«. Die Atomspaltung, die von 1919 an uralte Vorstellungen erschütterte, brachte die große Wendung. Auch die beginnende Erforschung der großen Moleküle hat im selben Sinne zu neuem Denken über den Lebensursprung angeregt.

1957 breiten die Fachvertreter vieler Länder in Moskau an einem großen Kongreß die ersten Ergebnisse des neuen Forschens aus. Der alte Glauben, daß die chemischen Verhältnisse auf Erden vor dem Beginn des Lebens ähnlich den heutigen gewesen seien, ist überwunden worden. Neue Vorstellungen über die Atmosphäre und den

Ozean jener fernen Zeit haben schon seit den dreißiger Jahren an Boden gewonnen – die Annahme, viele organische Substanzen seien in jenem Urozean von höherer Temperatur vorhanden gewesen, hat zur Nachahmung jener frühen Situation geführt, und um 1953 ist die experimentelle Erzeugung von Vorstufen des Lebensstoffes gelungen. Wie zurückhaltend aber gerade die in Moskau versammelten besten Kenner des Problems die Lage noch kennzeichnen, bezeugt die Äußerung von Prof. L. Pauling in der abschließenden Sitzung von 1957: »Der große Vorzug unserer Zusammenkunft ist der, daß wir nicht abstimmen mußten, und daß wir nicht versucht haben, uns gegenseitig zu unseren Ansichten zu bekehren.« Blicken wir aber zurück auf die Lage zu Beginn des Jahrhunderts, so kann trotz dieser vorsichtigen Skepsis niemand verkennen, daß inzwischen viele Wege zu einer Ergründung des Lebensursprungs gebahnt worden sind.

Am Problem der Urzeugung, wie es sich heute als Aufgabe der Forschung darstellt, habe ich nie selber gearbeitet, doch drängte es mich, den Fortgang der neuen Entdeckungen eingehend zu verfolgen; denn das Wissen um diese frühesten Möglichkeiten von Leben gehörte zu den Voraussetzungen für jeden Versuch einer Ordnung der lebendigen Gestalten in eine Stufenfolge und bildete damit eine Bedingung für jede Aussage über die Evolution von niedrigen zu höheren Lebensstufen.

Der Tod – Schicksal des höheren Lebens

Da sind Gestalten – wie Virusstoffe oder Bakterien, die noch nicht die volle Organisation einer Zelle erreicht haben –, mit denen sich die modernsten biologischen Arbeitsrichtungen ganz besonders intensiv beschäftigen. Welches sind die Wege, die von solchen Formen zu Bäumen, Sträuchern und Blumen führen oder zu Vögeln und Insekten? Und welches ist die Stellung des Menschen im Gesamten dieser lebenden Natur?

Wir müssen die Tatsache zur Kenntnis nehmen, daß in uns – wie in allen als »höher« taxierten Organismen – auch die einfache Formstufe existiert, daß jeder von uns einmal ein Protoplasmagebilde von nicht ganz einem Zehntelmillimeter Durchmesser war, mit einem einzigen Zellkern und einem Gefüge von gesonderten Erbträgern, den Chromosomen. Wir müssen daran denken, daß in unserem Körper im Laufe der Entwicklung zur vollen höheren Gestalt ein kleiner Bezirk entsprechender zellulärer Grundstrukturen als »Keimzellen« beiseite gestellt wird, abgeschirmt vom anderen Körpergewebe, ein Zellverband der elementaren Lebensstufe, der von nun an ein eigenes Leben zu führen hat. Jeder von uns, wenn er gesund und vollwertig ist, trägt in seiner entscheidenden Lebensperiode diese fortpflanzungsfähigen Keime in sich, in männlicher oder weiblicher Form. Diese Keimzellen repräsentieren die Formstufe des Bakteriums oder der Einzelligen, in gewissem Sinn auch der Virusartigen. Daß aber diesen ganz besonderen »Einzelligen« das Vermögen innewohnt, sich zu einer komplizierten vielzelligen Gestalt auszuformen – das ist das Geheimnis der Entwicklung alles höheren Lebens, der Evolution zu neuen Formstufen.

Die Tatsache, daß eine Grundform des Lebendigen in sehr einfacher Struktur existiert und daß diese Formstufe einer einkernigen Plasmastruktur auch bei uns, einem hohen Organismus mit komplizierten Geweben, die Erhaltung der Arten sichert, verdient unsere höchste Beachtung. Die Keimzellen, die wir in uns tragen, repräsentieren ja die ganze Zukunft der Art; das Individuum, das um diesen »Schatz der Arterhaltung« herum aufgebaut wird, ist hinfällig, zum Tode verurteilt.

Wie anders verhält es sich mit einem Wesen, das nur in der ursprünglichen einfachen Form lebt. Wer beispielsweise Bakterien oder Einzellige beobachtet, kann mit Geduld und Glück sehen, wie sie sich teilen. Immer und immer wieder entstehen auf diese Weise neue – ja, wie soll man das nennen? – wollen wir sie sehr vage »Wesen« nennen? Sind es Individuen? Ich meine, wenn dieses Wort einen Sinn haben soll, bezeichnet es doch das Unteilbare. Wir sind zur Folgerung gezwungen, daß auf der elementaren Lebensstufe kein

eigentliches Individuum, so wie wir es in der höheren Lebensform kennen, existiert.
Man hat eine Zeitlang mit viel Hingabe und Eifer gesucht, ob bei den Teilungsvorgängen dieser einfachsten Wesen doch vielleicht etwas absterbe, ob es also eine »Leiche« gebe – vergeblich. Man mußte sich dazu durchringen, daß der natürliche Tod in dieser Welt des ursprünglichen Lebens nicht vorkommt. Gewiß können Bakterien gefressen, zermalmt, verbrannt, durch ätzende Flüssigkeiten aufgelöst werden. Das ist jedoch nicht der Tod, den wir meinen, wenn wir vom »Sterben« der höheren Lebewesen reden, von der artgemäßen Vergänglichkeit des Individuums.
Erst mit der höheren Lebensform kommt dieser Tod unserer irdischen Welt als Ende des Lebenslaufes eines Einzelwesens von besonderer Prägung, ein Individualtod, der etwas anderes ist als Vernichtung, Gefressenwerden oder Verbrennen. Er ist das Ergebnis eines Alterns, einer Programmierung zum Tode, wie man im Zeitalter des Computers wohl sagen muß. Ob dieser Ablauf Hunderte oder gar Tausende von Jahren umfaßt, wie bei manchen Bäumen, oder nur Stunden oder Tage, wie bei anderen Lebewesen, ist ein Problem für sich, eine Frage des Zeitmaßes im Reich des Lebendigen, die wir jetzt beiseite lassen. Zwei bedeutsame Tatsachen des Lebens sind jedenfalls untrennbar verbunden: Individualität und Tod.
Das Leben ohne die Ausprägung der Individualität wird heute von einer vielseitigen Mikrobiologie erforscht. Sie sucht, die Fragen zu ergründen, die das Geheimnis des Lebensstoffes uns stellt: die elementaren Vorgänge von Stoffwechsel, Vererbung oder Zellteilung, aller der Prozesse, durch deren Kenntnis das lebendige Geschehen letztlich in die Hand des Biotechnikers kommen soll. Diese Forschung begegnet nicht dem eigentlichen Problem des Todes.
Meine eigene Arbeit hat immer den Wesen gegolten, in denen das Individuum hoch differenziert und der Lebenslauf in ausgeprägte Phasen gegliedert ist. Der Kontrast der Arbeitsfelder, die eben genannt worden sind, kann nicht groß genug gesehen werden – trennt

sie doch ein für uns alle so zentrales Faktum: der Tod. Ich weiß nicht, ob uns diese Tatsache in ihrem vollen Gewicht gegenwärtig ist, wenn über Leben und Tod nachgedacht und geredet wird. Mich hat sie immer und immer wieder beschäftigt – galt es doch, die unabsehbare Vielfalt der Fortpflanzungsweisen zu verstehen, das Bereitstellen von Keimzellen, welche das Leben weitergeben, aber auch das ergreifende Schauspiel von Tierarten, wie die Eintagsfliegen, welche ihre Existenz als Individuen mit dem Akt der Fortpflanzung abschließen. Hat nicht der holländische Biologe Jan Swammerdam in seiner Darstellung des Lebens dieser Insektengruppe die Abbildung des menschlichen Lebens gesehen: die Larve, die im Wasser lebt, in ihrem letzten Stadium in geflügelter Gestalt sich in die Luft aufschwingt, sich fortpflanzt und dann vergeht. Die mystische Verklärung, in der Swammerdam, der 1680 starb, alles Lebendige, aber diese Eintagsfliegen im besonderen sah, ist für mich ein besonders tiefer Eindruck der frühen Studienjahre geblieben, jener Jahre, in denen ich dem Libellenleben nachging, das mit dem der Eintagsfliegen so nahe verwandt ist. Wie oft haben in jenen Jahren meine Gedanken dem Leben Swammerdams nachgehangen, als ich im Schilf, am Wasser dem Flug der Libellen folgte oder ihrem Eierlegen auf Seerosenblättern. Das Werk des großen Holländers hat damals manches in Bewegung gesetzt, was später zur Einsicht in die Eigenart des höheren Lebens führte, zur Einsicht in die Verbindung von Individualität und Tod.

Vom Altern der Säugetiere

Ich habe ausgiebig davon berichtet, wie das Studium der Frühstadien von Vögeln und Säugern in einer Art von Kettenreaktion zur Überprüfung der menschlichen Kindheit und zur Erkenntnis der Sonderstellung unseres ersten Lebensjahres und unserer Jugendentwicklung geführt hat. Im Umgang mit diesen Problemen verlangte die vorverlegte Reife und das beschleunigte Wachstum eine besondere Teilnahme, die schließlich in weite Fragenkreise des Soziallebens und der Zeitsignatur ausmünden mußte.

So konnte es nicht ausbleiben, daß der Blick sich immer wieder auf die letzte Phase unseres Daseins richten mußte, auf das Alter. Bei allen meinen Ausflügen in die Felder der Anthropologie war es mir darum zu tun, zunächst das Besondere zu erkennen, eine Neigung, die im Kreise meiner Kollegen vom Fach sehr oft als Ablehnung der Evolutionstheorie ausgelegt worden ist. Dabei ging es doch einfach darum, die Evolution des Menschen in ihrer ganzen Kompliziertheit zu sehen, die Fragen klarer zu stellen, welche die Besinnung über den Menschen uns aufgibt und auf die eine Evolutionstheorie Antwort geben soll. Deshalb war es mir auch nicht nur darum zu tun, einfach zu bestätigen, daß wir Menschen wie alle unsere tierischen Verwandten altern. Die Prüfung des ersten Lebensjahrs auf seine Eigenart hat früh schon den Verdacht in mir geweckt, auch unser Alter könnte seine Sonderart haben.

Dieser Verdacht verlangte wieder ein beträchtliches Suchen und Vergleichen. Es zeigte sich bald, wie dürftig die Auskünfte sind, wenn das Ziel ein Blick über das gesamte Feld der lebenden Säuger ist, von den recht unsicheren Angaben über Vögel, Reptilien oder Fische nicht zu reden.

Ein würdiger Herr brachte mir eines Tages einen großen toten Goldkarpfen: das sei doch für mich hochinteressant, meinte er, denn der Fisch habe sicher bei ihm über 60 Jahre in einem Teich gelebt. Ich prüfte einige Schuppen und gab leise Bedenken über das hohe Alter zu erkennen. »Aber 30 Jahre hat er ganz gewiß«, war die Antwort. Als ich aufgrund meiner Prüfung eher etwas weniger als 15 Jahre vorschlug, war die Entrüstung groß und der Abschied recht unfreundlich!

Wie viele sagenhafte Berichte müssen auf der Suche nach glaubhaften Altersangaben durchleuchtet werden. Wie leicht glauben wir, daß ein Elefant ein Jahrhundert hinter sich habe; Daten aus Tiergärten melden als Seltenheit um die 50 Jahre – und wie unsicher! –, meist weniger als 40. Erst 1967 hat eine sorgfältige Analyse aller glaubhaften Werte festgestellt, daß indische sowohl wie afrikanische Elefanten ein mittleres Alter von 26–28 Jahren erreichen. Neuerdings finden wir auch über andere Tierriesen vertrauenswürdigere Zahlen: für die großen Wale wird nach sorgfältiger Prüfung aller Alterszeichen eine Grenze von 30 bis 35 Jahren wahrscheinlich.

Die Laboratoriumstiere sind natürlich besser erforscht. Mäuse und Ratten werden 2–3 Jahre alt, je nach dem Futter wird die Lebensdauer ein wenig verkürzt oder verlängert. Für Kaninchen gelten etwa 10–12 Jahre als Altersgrenze; Hunde sind alt mit ungefähr 12, Katzen mit etwa 16 Jahren, größere Raubtiere erreichen gegen 30 Jahre. Diese wenigen Zahlen sollen nur eine Art Hintergrund für das Bild unseres eigenen Alters geben. Wie wollen wir zu einem Urteil über die Probleme des menschlichen Alters kommen, wenn wir die Lebenskurven der uns nahestehenden Tierformen nicht kennen. Ich habe mich lange bemüht, zusammenzutragen, was über unsere allernächsten Verwandten, die Menschenaffen, zu erfahren ist.

Diese Zahlen sind aufschlußreich. Bereits in den ersten Jahren meines Suchens, als ich die Eigenart unseres Erstjahrs deutlicher vor mir sah, fand ich, daß einem amerikanischen Kenner, R. M. Yerkes, Schimpansen im Alter von 20 Jahren in ihrem Benehmen so alt erscheinen wie Menschen von 40–50 Jahren. Wir wissen heute, daß auch Gorilla und Orang gegen Ende ihrer zwanziger Jahre vergreisen. Die Knochen eines Schimpansen von 40 Jahren entsprechen nach neuen Prüfungen dem Skelettzustand des Menschen zwischen 60 bis 80 Jahren.

Die Erfahrungen in zoologischen Gärten sprechen dafür, daß die Anthropoiden in Gefangenschaft wohl öfter als im Freileben die artgemäße Altersgrenze erreichen. Die vermehrten Kenntnisse, die wir in den letzten dreißig Jahren sammeln konnten, erlauben heute einen Vergleich mit dem Menschen. 30 Jahre Lebensspanne eines Menschenaffen entsprechen etwa dem menschlichen Alter von 60–70 Jahren. Für extreme Fälle gilt ähnliches: erreicht ein Anthropoide das vierte Jahrzehnt, so entspricht das unserer Altersklasse von 80 Jahren und mehr.

Das menschliche Altern – ein Sonderfall

Es wird deutlich, daß unser menschliches Altern anders verläuft als das der nächsten tierischen Verwandten, deren Spätphase im wesentlichen den Regeln aller höheren Säuger folgt: die Evolution, wie immer sie sich in den verborgenen Phasen ihrer Stammesgeschichte abgespielt haben mag, gibt uns das Geschenk von etwa drei Jahrzehnten zusätzlicher Lebensjahre. Sie gibt es, unbekümmert darum, was wir damit anfangen – sie hat ihre Einschränkungen gemacht, indem sie im vorwissenschaftlichen Zeitalter der Menschheit gar viele dem Altern feindliche Faktoren gesetzt hat – von der Kindersterblichkeit bis zu den Seuchenzügen früherer Jahrhunderte. Wir beginnen heute, über diese Zusammenhänge etwas vorsichtiger nachzusinnen, seit uns die Bevölkerungsexplosion bedroht.
Die Forschung hat den Kampf mit diesen Einschränkungen seit dem 19. Jahrhundert mit aller Kraft aufgenommen und hat es erreicht, daß in unserer Zeit Jahrzehnt um Jahrzehnt die Lebenserwartung für den alternden Menschen gestiegen ist. Es liegt in der Eigenart der Wissenschaft und in der Tatsache der Verwirrung der Menschen, daß mit dieser Verlängerung der individuellen Lebensmöglichkeit weder eine wahre soziale Sicherung der Altersphase noch ein anerkannter Sinn für diese letzte Etappe unseres Daseins gegeben worden ist. Doch das ist eine andere Geschichte.
Zunächst muß ich darauf zurückkommen, daß unsere letzte Daseinsstrecke mit der zahlenmäßigen Feststellung des Geschenkes von mindestens 30 und in kommender Zeit vielleicht noch mehr Jahren, ganz ungenügend erfaßt ist.
Sogleich müssen wir gestehen, daß wir die innersten, heimlichsten Ursachen dieser Verlängerung der humanen Lebensspanne nicht kennen. Die ärztliche Spezialität, die Geriatrie – der Gegenpol der Kinderpflege – der Pädiatrie, diese Geriatrie ist eine neue Wissenschaft, die erst mit dem Allgemeinwerden des höheren Alters wichtig geworden ist. Ihr fällt die schwere doppelte Aufgabe zu, einerseits zu erfahren, was denn eigentlich geschehen ist und geschieht.

seit die Menschheit diese neue Entwicklung durchläuft – ein sehr wesentlicher anthropologischer Auftrag zum Forschen – anderseits aber soll dieselbe Geriatrie der Gesellschaft auch helfen, die zunehmende Masse der Alternden und der sehr Alten in einer lebenswerten Weise in die Gesellschaft einzugliedern – eine Aufgabe, die völlig andere Fragen stellt als die erstgenannte und die man natürlich nicht nur dem Arzt stellen darf, obschon er in unserer heillosen Zeit immer mehr auch zum Seelsorger geworden ist!

Täglich mehr wird den Verantwortlichen bewußt, welche Last die voll Tätigen in steigendem Umfang zu tragen haben, die in der Mitte des Lebens stehen: eine verlängerte Zeit jugendlicher Ausformung und sozialer Reifung – und eine noch schwerere Versorgung der wachsenden Zahl alter Menschen. Und damit ist noch kein Wort darüber gesagt, daß unsere Gesellschaft auch auf die Sinnfrage für die beiden verlängerten Daseinsphasen zu antworten hat – wir sind weit von einer Lösung entfernt.

Sinnfragen des Alters? Wir müssen zuerst eine Tatsache beachten, die den Biologen angeht: unser verlängertes Altern ist nicht einfach Abstieg, langsamer Verfall, der irgendwie in Kauf genommen werden muß. Das menschliche Altern stellt Probleme, die über die materiellen Sorgen von so und so vielen zu bewältigenden Jahrzehnten dieser vielen »Alten« weit hinausgehen.

Uns muß vor Augen stehen, daß Altern ein Geschehen von extremer Vielfalt ist. Gerade das ist die Tatsache, die mich seit Jahrzehnten als Biologen beschäftigt hat. Es ist schon schwer, die Altersprozesse im Leiblichen genau zu erfassen. Schon da zeigt sich eine sehr beträchtliche Streuung, wenn etwa das Altern der Gewebe und Organe bestimmt und als Kriterium verwendet werden soll. Unvergleichlich viel eindrücklicher und ergreifender ist aber der Kontrast des geistigen Alterns: von der frühen Senilität bis zu den sublimsten Höchstleistungen einzelner Ausnahmen.

In früheren Zeiten, da die äußersten Grenzen des Lebens seltener erreicht wurden, begegnete man den großen Ausnahmen mit Ehrfurcht; der Erfahrungsschatz der Alten bedeutete viel für das Leben der primitiven Gruppen. In der abendländischen Gesellschaft hat sich das Bild von Grund auf verändert – das Alter ist eines der großen Sozialprobleme geworden. Die schöpferischen Möglichkeiten der letzten Lebensphase, die Geistesmacht, der wir etwa die Dramen des neunzigjährigen Sophokles verdanken oder die letzten Werke eines Tizian, die er nahe der Hundertjahrgrenze geschaffen hat – wir sollten sie nicht ganz vergessen.

Zweimal im Menschenleben erscheint dem Biologen der Geist als das ganz Außergewöhnliche, auch wenn er die geistige Lebensform als das Besondere unseres ganzen Wesens in seiner Rätselhaftigkeit nicht nur anerkennt, sondern in seiner Einmaligkeit im irdischen Raum betont – zweimal: am Beginn und am Ende des Daseins.

Ich glaube, daß alle Forscher, die sich mit der Weltbeziehung, dem Sinnesleben, den Leistungen der Nervenzentren abgeben, darüber einig sein werden, daß nie im Leben der einzelne einen Weltaufbau durch Sinne und Gehirn leistet, wie ihn der Säugling im ersten Jahr, das Kleinkind in den frühen Jahren vollbringt. Ich habe genug davon berichtet, wie mächtig mich diese Werdezeit in ihrer Einmaligkeit als Forscher aufgerufen hat.

Doch die Spätphase des Lebens zwingt zur Anerkennung der Möglichkeit auch einer zweiten Zeit des Außerordentlichen. Der Unterschied zur Frühzeit ist groß. Einmal ist das späte Blühen und Fruchten des Geistes die Ausnahme – und überdies ist seine Leistung nicht so sehr das Aufnehmen und Verarbeiten des ganz Unvertrauten, des Traditionsgutes einer Gruppe und das Erfassen der so fremden Natur um uns. Das Erstaunliche im Alter ist das umfassende Verfügen über aufgenommene Schätze jahrelangen Lernens; es ist die Freiheit der Neukombination, der Erfindung. Das Geheimnis der relativen Unabhängigkeit des geistigen Wirkens von der leiblichen Bindung begegnet uns in der letzten Periode unseres Daseins oft in einer Macht, die uns vielleicht stärker als viele andere Zeugnisse des Geistigen an die unfaßbare Größe dieser Tatsache »Geist« mahnt.

Vom Wunschtraum des längeren Lebens

Ich berichte vom Altern, als gäbe es keine Menschenzüchter, keine Forscher, die sich mit dem jetzt und hier Bestehenden keineswegs begnügen, Menschen, die überzeugt sind, einen höheren Auftrag zu haben. Das Werk der Natur würdig zu verwalten – das heißt in ihrem Denken die Evolution selbst in die Hand zu nehmen. Sie wollen nicht nur die Kinder viel früher schulreif machen – viel höher steht ihnen das Streben nach Verlängerung des Lebens.

Es gibt gar seltsame Bedrohungen, die aus der Überschätzung des technisch Möglichen entstehen können. In den Jubiläumsjahren des Darwinismus, um 1959/60, wo die Geburt eines neuen wissenschaftlichen Glaubens im Abendlande besonders festlich begangen worden ist – hat da nicht ein gefeierter Biologe es für dringend erachtet, zu neuen Großtaten aufzurufen und zum Beispiel das verschwenderische Schlafbedürfnis zu bekämpfen? Joseph Muller, der amerikanische Nobelpreisträger, wies an einer Kundgebung in Chikago darauf hin, wie unverantwortlich es sei, ein Drittel unserer Lebenszeit, wenn nicht mehr, durch Schlaf zu vergeuden. Es geht da nicht darum, einzelne Lebensstufen durch Wissenschaft zu verbessern – es geht um Hälften des Lebens – da darf man wohl sagen: es gehe wirklich ums Ganze, um die Frage, ob Forschung dazu da sei, die Natur in uns zu überwinden.

Ich bin ein Freund des Schlafs – daß man dauernde wache Aktivität als das ersehnte Ziel setzen kann, erscheint mir als eine der monströsesten Verirrungen des wissenschaftlichen Geistes. Ich muß aber davon sprechen, nicht weil ich fürchte, daß uns die Abschaffung der Nachtruhe demnächst beschert werden könnte. Die Abwehr gilt vielmehr einer Geistesart, die im Bereich des technisch Machbaren schon genug Unheil angerichtet hat und deren Untaten nur zu oft mit Argumenten der Wissenschaft gerechtfertigt werden.

Doch zurück zur Frage der Lebensverlängerung. Wir müssen sogleich zwei Problemkreise sondern. Es gibt ein Streben, das Leben zu verlängern, das im selbstverständlichen Pflichtenkreis jedes Verantwortlichen liegt, in dem des Arztes am deutlichsten: es gibt für uns Menschen eine Daseinszeit, und die Ungewißheit über die möglichen Ziele der Naturevolution ist so groß, daß viele Biologen die Frage danach als unwissenschaftlich ablehnen, wenn sie nicht gar von der Ziellosigkeit überzeugt sind. Ich lasse diese Frage offen – wichtiger erscheint mir, daß es eine Aufgabe der menschlichen Gesellschaft ist, Lebensziele zu schaffen, zu zeigen und im Falle der Altersfrage dem einzelnen zu helfen, das ihm von der Natur Zugemessene auch zu erreichen.

Doch die eifrigsten Lebensverlängerer haben noch viel weitere Ziele! Es geht um die Überwindung der Grenze, die wir vorhin als die von der Natur gesetzte erkannt haben. Warum soll erkennen auch anerkennen bedeuten? Das ist die Frage, die der rastlos weiterfragende Forscher stellt. So gut wie diese unbekannte Wirkweise »Natur« uns ein paar Jahrzehnte über die Säugernorm hinaus verschafft hat, wird sie in Jahrtausenden vielleicht ähnliches bewirken, wird für ein »natürliches« Verlängern des Menschenlebens sorgen. Wenn dem so ist, warum sollen wir die uns gegebenen Geisteskräfte nicht dazu brauchen, diesen geahnten Naturvorgang zu beschleunigen, so wie es die Technik mit anderen Naturgeschehen so erfolgreich getan hat? Vom Feuergebrauch der Frühkultur bis zur Rechenmaschine der Gegenwart: ein Rennen, um den natürlichen Zeitabläufen zuvorzukommen, um die »Zeit« in die Hand zu bekommen.

In dieser Perspektive wird ein Ausweiten der jetzigen Lebensdauer, das Verschieben einer natürlichen Grenze ein legitimes Verfahren – gut ausgewiesen durch die Ruhmestaten einer rasenden Technik. Die Zeiten liegen noch nicht so weit zurück, wo solches Denken sich leicht durchsetzen konnte. Heute sind die Gefahren dieser Geistesart immerhin deutlicher geworden – und doch hören wir in unseren Tagen oft genug die Stimmen der Unentwegten, die alles eben stets tun wollen, was wir Menschen fertigbringen können. Genau das Verhalten, das uns ins Elend unserer Gegenwart geführt hat, an die Möglichkeit einer völligen Vernichtung der natürlichen Umwelt und des Reichtums ihres Lebens.

Ich lese von ernsthaften Plänen, die Lebensgrenze drastisch hinauszuschieben: weit über die Grenze eines Jahrhunderts – hört man nicht von 125 und 150 Jahren! Ernst gemeinte Träume von Männern in Weiß, den Magiern unserer Zeit – wie die »Frauen in Weiß« in den Laboratorien im tiefsten Herzensgrunde denken, weiß ich nicht. Es sind Träume, in denen die Hochstimmung der Technik am Werk ist. Wie dieses erträumte, erweiterte Dasein gelebt werden soll, wird kaum bedacht, weil dieses technische Denken einsinnig ist, »single vision«, wie es ein großer englischer Seher, William Blake, mit Schrecken brandmarkte.

Wollen wir miteinander einen Augenblick auf das Familienleben solch ferner Zukunft sinnen? Fangen wir oben an – ich vermute, daß es die Alten sind, denen es am schlechtesten gehen dürfte! Es sind die um hundertfünfzig Jahre Alten, deren Söhne und Töchter um 120 Jahre zählen, ihrerseits Eltern der etwa Neunzigjährigen, deren Kinder auch schon sechs Jahrzehnte gelebt haben. Ich weiß natürlich nicht, ob die Dreißig- bis Fünfzigjährigen gewillt sein werden, für alle die vier älteren Generationen liebevoll besorgt zu sein.

Und wie wird die Jugendperiode weiter evoluiert haben? Denke ich an den Geschäftsgeist des Abendlandes, der planetar sich ausbreitet – da muß ich mein Sinnen abbrechen, muß das ganze Bild wegzuwischen versuchen, sonst lastet auf mir der Albdruck eines Machtstaates von Gewaltmaßnahmen – da nur durch restlosen Zwang solche Lebensformen überhaupt bewältigt werden könnten.

Die Schwierigkeiten erscheinen schier unüberwindbar, wenn wir allein schon an ein Bewältigen unserer gegenwärtigen Erfolge der Biologie hinsichtlich der Altersprobleme denken, wenn wir auch nur zaghaft und mit untersten Forderungen die Frage nach dem Sinn solcher geplanter Lebensformen beantworten wollen.

Vielleicht wird man einwenden, ich male da Zukunftsbilder, an die niemand denkt. Ich bin nicht überzeugt, ob wir scheinbar utopische Träume der Forscher allzu leicht nehmen dürfen. Es scheint mir zum mindesten ratsam, das Mögliche durchzudenken und so auch die Abwehrkräfte, die nötig werden könnten, heute schon zu üben.

Es geht nicht nur um den Kampf gegen einzelne Utopien, die uns verrückt vorkommen. Das Sinnen um den Menschen, von dem meine anthropologische Arbeit immer ausgegangen ist, nährt sich von einer Grundhaltung, die heute auf der ganzen Linie aufrufen muß zur Abwehr gegen geistige Mächte, deren Gewährenlassen in das Maßlose führt, von dem alle Einsichtigen sich bedroht fühlen, wie verschieden sie sich auch die Rettung vorstellen.

Ich bin überzeugt, daß die Biologie den Menschen bessere Dienste leisten kann, als ihnen Lebensverlängerung über die Grenzen unserer Erfahrung zu verheißen. Wir sollten alles tun, das Wunder der höheren Stufe, der Ausprägung der Individualität in seiner Größe zu erkennen, dem Einzelwesen zur möglichen Entfaltung im Rahmen der Gruppe zu helfen und zugleich zu einem klaren Wissen um den Ablauf dieses Schicksals, um die Einordnung eines vergänglichen Einzellebens in die Lebensform der ganzen Art. Damit bahnen wir ein Verständnis an für die Möglichkeiten, welche die höhere Stufe mit sich bringt; wir erfassen die Größe des Problems, das der Ursprung dieses höheren Lebens auch dem Forscher aufgibt, der die großen Schritte der Entfaltung der Organismen in ihrem Ablauf zu überblicken sucht.

XIII
JENSEITS DER GRENZEN MORPHOLOGISCHEN FORSCHENS

Die Liebe zum heimlichen Leben der Blumen hat sich, wie so oft, geregt, als ich in einem Bergtal bei Graubünden den weißen Blüten der Parnassia wieder einmal begegnete. Es war während eines kurzen Halts in der Schweiz nach der Arbeit in Roscoff und vor der Abreise ans Mittelmeer.

Die Gestalt ist einfach; die Fünfzahl regiert: Kelch- und Blumenblätter, Staubgefäße und die zarten Nektardrüsen folgen diesem Bauplan. Der Fruchtknoten aber gibt dem Morphologen ein Rätsel auf: er ist vierteilig und mahnt damit an den Gegensatz der beiden Geschlechter. Sind doch die männlichen Organe, die Staubgefäße, leicht als verwandelte Blattanlagen zu erkennen, während die weibliche Struktur des Fruchtknotens seit Goethe's Pflanzenstudien bis heute der Deutung als verwandelte Blattanlage einige Sorgen bereitet.

Aber an jenem 30. August 1924 war mir der Einblick in die stille Dynamik dieses Blumenlebens viel aufregender als die Statik der Gestalt. In der eben geöffneten Parnassiablüte neigen sich alle Staubgefäße zusammen über die Narbe der weiblichen Organe; nachher aber beugen sie sich, eines nach dem andern rückwärts, und bieten ihren Pollen dar. Die entleerten Staubbeutel verkümmern und die fünf Stiele umstellen als Kranz die nun freigewordene Narbe.

Der Tag mit Parnassia lebt in meiner Erinnerung als eine der stillen Manifestationen des Lebens, die wir auch in der Pflanze als Ausdruck einer »Innerlichkeit« erleben, von der die Naturforscher, wenn es um Vegetation geht, meist nicht sprechen und die sie doch geheimnisvoll am Werk wissen.

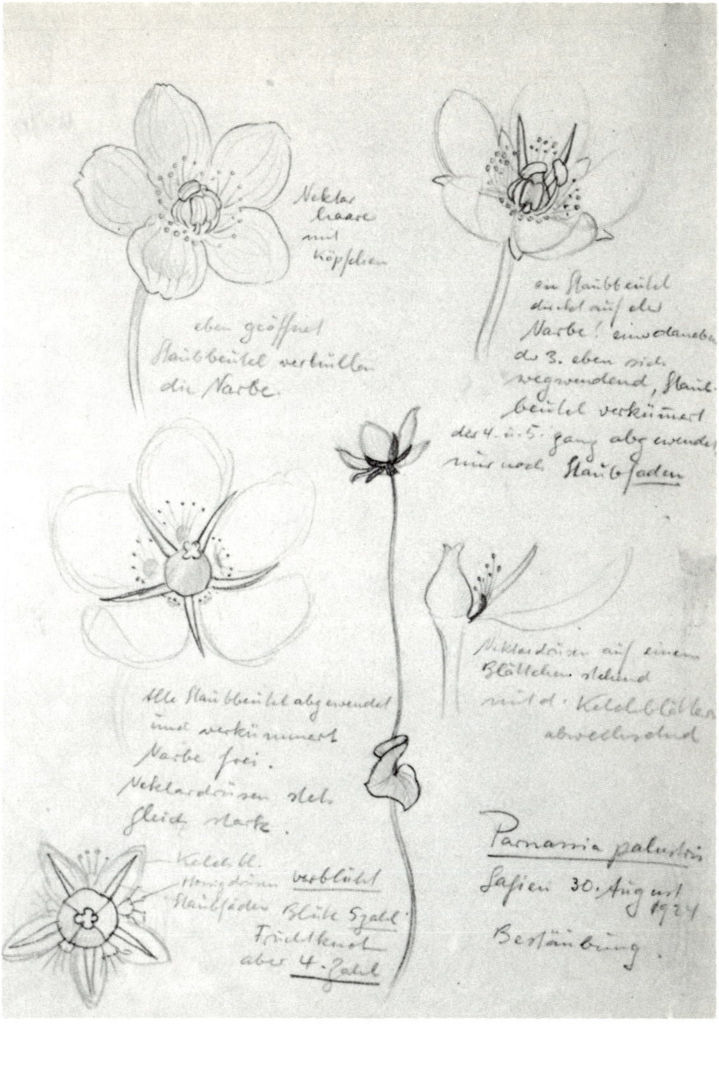
Nektar haare mit Köpfchen
eben geöffnet Staubbeutel verhüllen die Narbe.
ein Staubbeutel drückt auf die Narbe! einer daneben der 3. eben sich wegwendend, Staubbeutel verkümmert der 4. u. 5. ganz abgewendet nur noch Staubfaden
Alle Staubbeutel abgewendet und verkümmert Narbe frei. Nektardrüsen stets gleich starke.
Nektardrüsen auf einem Blättchen stehend mit d. Kelchblättern abwechselnd
Kelchbl.
Honigdrüsen
Staubfäden
verblüht
Blüte 5zahl
Fruchtknoten aber 4-Zahl
Parnassia palustris
Safien 30. August 1924
Bestäubung.

Wer weiß, was es bedeutet, wenn man an Ländergrenzen aufwächst, welche den Blick in zwei andere Länder hinüberlenken, an Grenzen, wie sie in der Region der Stadt Basel die drei Staaten Deutschland, Frankreich und die Schweiz trennen, wo Menschen von gleicher Sprache und gleichem Ursprung durch den Lauf der Geschichte getrennt und geprägt worden sind? Was wohl schon durch das frühe Erleben in dieser Umwelt angeregt werden konnte, das Ernstnehmen verschiedener Daseinsformen, ist später, in der bewegten Zeit nach 1918, durch die Arbeitsjahre in Frankreich und in Deutschland weiter verstärkt worden.

Noch tiefer aber als der frühe Blick über politische Grenzen hinweg wirkten in mir die heftigen Klassenkämpfe weiter, die ich in der Zeit des Erwachens zu sozialer Verantwortung mit- und durchlebt hatte. In einer Familie überzeugter sozialistischer Kämpfer aufgewachsen, erlebte ich den Generalstreik in der Schweiz am Ende des Ersten Weltkrieges auf der linken Seite der Politik, der ich tief verbunden blieb, auch als mich die wissenschaftliche Arbeit der tätigen Politik entfremdete und mir andere soziale Aufgaben zuwies. Daß der geistige Sumpf des Faschismus in Italien und die braune Flut in Deutschland meine ursprüngliche innerste Ausrichtung noch stärkten, wird nicht erstaunen.

Die Distanz zur politischen Aktivität ist nie zur Indifferenz geworden. Zu nahe war ich mit meinem jüngeren Bruder verbunden, der zeitlebens ein tätiger Politiker im sozialistischen Feld geblieben ist. Überdies belebte der Eintritt in die naturwissenschaftliche Fakultät vor dem Zweiten Weltkrieg alte Spannungen neu, da die Fakultät in ihrer damaligen Zusammensetzung als geschlossene bürgerliche Gruppe dem als Sozialisten bekannten neuen Zoologen zunächst eher mißtrauisch begegnete.

Meine geistige Haltung wurde in den Jahren nach 1918 stark beeinflußt durch die Auseinandersetzung mit dem philosophischen Werk von Rud. Maria Holzapfel. Es ist wenig beachtet worden, aber hat doch am Beginn der zwanziger Jahre dieses Jahrhunderts im deutschen Sprachbereich – auch in der Schweiz – auf einen kleinen Kreis junger Menschen stark und bleibend eingewirkt. Die zweite Auflage seines »Panideals« und das später erschienene »Welterleben« förderten früh meine Einsicht in die Bedeutung des Gleichgewichts von rationalem und irrationalem Erleben. Beide Werke rüsteten mich mit heilsamer Skepsis gegenüber gar manchen geistigen Strömungen jener zwanziger Jahre aus und regten zugleich zu fruchtbaren Exkursionen in philosophische Bereiche an. Mir ging es um Einblick in die Welt von der Pflanze bis zum Menschen, und so suchte ich eben Philosophen kennenzulernen, in deren Denken alles Lebendige von Bedeutung war.

Gerade in den Jahren der Neubestimmung meines Arbeitsfeldes ist die Sonderstellung des Menschen auch von philosophischer Seite her besonders beachtet worden. Ich denke vor allem an das Lebenswerk des Philosophen Max Scheler, der in jener Zeit als einer der ersten die neuere biologische Arbeit in den Bereich der Auseinandersetzung einbezog. Scheler hatte, gerade als ich mein Lehramt antrat, die berühmt gewordene kleine Schrift über »Die Stellung des Menschen im Kosmos« veröffentlicht, in der die Evolutionstheorie und durch Jakob von Uexküll vertiefte Einsicht in die gruppentypischen Strukturen der tierischen Umwelten gründlich berücksichtigt waren.

Ebenso eindringlich wirkte auch ein Werk von Helmuth Plessner auf mich, das im gleichen Jahr wie jenes Schelers erschienen ist: »Die Stufen des Organischen und der Mensch«, das Werk, in dem von einem Kenner der biologischen Sachverhalte die Eigenart der menschlichen Geschichtlichkeit und Daseinsform herausgestellt wurde. Plessner hat die menschliche Eigenart als »natürliche Künstlichkeit« herausgehoben und damit die Position unserer Lebensform zwischen Natur und Kultur so deutlich bezeichnet, daß eigentlich die damals noch starken gegensätzlichen Tendenzen, entweder das Tierhafte in uns übersteigert zu betonen oder den Menschen um jeden Preis als eine gesonderte Schöpfung zu sehen, einer fruchtbaren neuen Sicht hätten weichen sollen. Wie langsam sich aber ein solches vermittelndes Denken durchsetzt, durfte ich selbst erfahren, seit ich

1944 meine »Biologischen Fragmente zu einer Lehre vom Menschen« in ihrer Wirkung verfolgen konnte. Die Evolutionsforschung hat sich früh die Einsichten in das Besondere der geschichtlichen Lebensform zu eigen gemacht und hat der genetischen Vererbung durch Plasma und Zellkern eine »soziale Vererbung« durch die Tradition der Gesellschaft entgegengestellt. Diese »soziale Vererbung« arbeitet ungemein viel rascher und wirksamer. Sie hat in Hinsicht auf die Entwicklung der menschlichen Kultur den körperlichen, genetischen Erbmodus weit überspielt. Die Philosophie hat sich beträchtlich mehr Zeit gelassen, um die biologische Arbeit auf diesem Felde ernst zu nehmen.

Ein Vierteljahrhundert nach dem Erscheinen der »Fragmente« stellt die amerikanische Philosophin Marjorie Grene in ihrem Buch »Approaches to a Philosophical Biology« (New York 1968) dem englisch sprechenden Leser die besonderen anthropologischen Ziele meiner Arbeit vor.

1974 erscheint in Paris »Le Paradoxe humain« von Edgar Morin, der – mehr als 40 Jahre nach Plessner und ohne Kenntnis von dessen Werk – sich dafür einsetzt, daß eine »Nature culturelle« das Kennzeichen des Humanen sei!

Jahrzehnte freundschaftlicher Diskussion haben an meiner biologischen Arbeit mitgeformt, so der Kontakt mit dem holländischen Physiologen und Psychologen F. J. J. Buytendijk und mit W. Szilasi, der nach dem Zweiten Weltkrieg in Freiburg i. Br. gewirkt hat. Beide haben in mir den Willen gestärkt, den griechischen Standpunkt nie aus den Augen zu verlieren, daß die Wissenschaften ihre besonderen philosophischen Seiten haben, daß sie Entfaltungen von Aufgaben sind, die in der Philosophie selbst wurzeln. Es ist ja kein Zufall, daß Plato und Aristoteles nicht nur die Philosophie, sondern auch die Wissenschaften begründet haben, welche das Abendland später zu ihrer heutigen Form entwickelt hat. Buytendijk wie Szilasi haben mir geholfen, beim Vorstoß des Biologen in das Reich des nicht von uns Geschaffenen mit größter Umsicht zu verfahren.

Was ich den Werken von K. Goldstein und von E. W. Strauss oder von M. Merleau-Ponty verdanke, das läßt sich nicht in Kürze darstellen. Gaston Bachelard aber muß ich doch besonders erwähnen, weil dieser französische Philosoph außerhalb Frankreichs zuwenig bekannt ist. Seine Darstellung des Übergangs von der alchemischen Denkart zur rationalen Naturwissenschaft im 17. und 18. Jahrhundert ist mir ebenso wichtig geworden wie seine psychologischen Studien über das träumerische Erleben der elementaren Grundlagen unseres Daseins, des Feuers, des Wassers, der Luft oder der Erde, in denen das unbewußte Weben des Geistes uns besonders eindringlich vor Augen gestellt wird.

Daß ich von Karl Jaspers' Wirken vielfach gefördert worden bin, muß ich wohl kaum hervorheben – wir haben zwei volle Jahrzehnte hindurch an derselben Hochschule gewirkt. Überdies war es für mich eine große Ermutigung, daß Jaspers bereits vor seiner Basler Zeit, in den Jahren der Entscheidung, in denen meine anthropologische Arbeit gereift ist, das Wesentliche meiner Sicht der individuellen Entwicklung des Menschen anerkannt hat, was damals angesichts mancher sonderbarer Mißdeutungen ein rechter Ansporn war.

Das Feld meiner morphologischen Arbeit war kaum Gegenstand unserer Diskussion. Zu verschieden waren hier die zentralen Anliegen, da mir die Fülle der Gestalten und ihre Diversität das große Problem war. Ich mußte oft an das bedeutsame Wort Goethes denken, das er an Jacobi über seine Beziehung zu Spinoza schrieb (es ging eben um die Einstellung zur Mannigfaltigkeit): »Obgleich vor seinem Blicke alle einzelnen Dinge zu verschwinden scheinen.« So erschien mir auch Jaspers' Blick über die Welt der Organismen.

So positiv Jaspers meine eigene anthropologische Arbeit aufnahm, so negativ beurteilte er meinen Kontakt mit C. G. Jung, dessen Versuch des Eindringens in verborgene Regionen des Seelenlebens er ebenso ablehnte wie den Sigmund Freuds. Die Sicherheit der Aussage, die Jaspers auch von der Seelenforschung forderte, konnte er im Werk der beiden Psychologen nicht finden! Doch das Bedürfnis der Menschen nach Deutungen der Rätsel ihres Erlebens ist mit der berechtigten Grenzsetzung des Philosophen nicht gestillt.

Die Eranostagungen

Im Laufe der vielen Grenzüberschreitungen über das Fachliche hinaus, zu denen mich stets innere Bedürfnisse getrieben haben, ist die Begegnung mit dem Kreis, der sich an den Eranostagungen in Ascona/Moscia traf, schicksalhaft geworden. Die Gründerin, Frau Olga Fröbe-Kapteyn, trat in den Kriegsjahren auch an mich heran. Ich konnte damals ihrer Aufforderung nicht folgen, denn neben der Leitung des Zoologischen Instituts hatte ich meinen Anteil am Grenzdienst der Armee zu leisten. Hinzu kam, daß ich damals die Intentionen dieser Tagungen noch wenig kannte. Die erste persönliche Begegnung mit Olga Fröbe zwei Jahre später, der Eindruck tiefen Ernstes, der von dieser Frau ausging, führte aber zu meiner Zusage. 1946 wirkte ich an einer Eranostagung mit. Das Thema jenes ersten Vortrags, »Die Biologie und das Phänomen des Geistigen«, war und bleibt ein wesentliches Stichwort für meine Tätigkeit – nicht nur für die Mitarbeit in diesem Kreis. Meine Teilnahme 1946 erschien mir damals ein einmaliges Abenteuer, doch wurde ich so sehr vom Geist dieser Veranstaltung ergriffen, daß ich zunächst für eine weitere Tagung zusagte. Im August 1973 habe ich meinen 28. Eranosvortrag gehalten.
Olga Fröbe ließ im Jahre 1928 am Ufer des Lago Maggiore einen Saal bauen, der suchenden Menschen die Begegnung mit wesentlichen Forschern auf dem Gebiet der religiösen Erfahrung des Abendlandes und des Fernen Ostens ermöglichen sollte. Der Name »Eranos« für diese Tagungen war ihr von Rudolf Otto vorgeschlagen worden, dessen Werk »Das Heilige« damals in vielen von uns mächtig ein erneuertes Denken um religiöses Erleben förderte. Rudolf Otto sollte die erste Eranostagung (im deutschen Schicksalsjahr 1933) nicht mehr erleben.

»Die Eranostagungen haben sich das Ziel einer Vermittlung zwischen Ost und West gesetzt.« Wie klar stand diese Polarität damals allen vor Augen, als die Gründerin diese Worte sprach – wie anders gehen die Gedanken vier Jahrzehnte später, wenn von der Spannung Ost–West die Rede ist!
Früh schon wirkte Carl Gustav Jung mit, und er ist für mehr als zwei Jahrzehnte der bestimmende Geist von »Eranos« geworden. Es ist eine seiner großen Leistungen, die Quellen religiöser Weltbeziehung in ihrer Verborgenheit im seelischen Leben erkannt und durch seine tiefenpsychologische Arbeit erhellt zu haben. Auch in den späteren Jahren, als es Jung nicht mehr möglich war, tätig mitzuwirken, hat seine stille Gegenwart und seine innere Teilnahme den Geist dieses Zusammentreffens am Langensee wesentlich beeinflußt.
Mit dem Jahre 1946 wird der Beitrag der Naturforschung beträchtlicher: Physiker wie E. Schrödinger, F. Dessauer, G. Holton, M. Knoll finden wir in den »Eranos-Jahrbüchern« – auch meine eigene Mitarbeit ist ja damals gesucht worden, weil Olga Fröbe eine Ausweitung der bisher vorwiegend psychologischen und religionsgeschichtlichen Arbeit nach der Seite der Naturwissenschaften anstrebte.
Als die Gründerin im hohen Alter das Werk nicht mehr mit voller Kraft zu führen vermochte, schlossen sich einige der Redner der letzten Jahre zusammen zu einem »Eranos-Kreis« ohne irgendwelche Statuten, im Willen, diesem Werk treu zu bleiben und es im ursprünglichen Geist fortzusetzen.
1962, nach dem Tod von Olga Fröbe, stellte sich uns die ernste Frage, in welcher Weise nun die Tradition weitergeführt werden könnte und sollte. Die Entscheidung fiel, als Rudolf und Catherine Ritsema sich entschlossen, ihren holländischen Wirkungskreis aufzugeben und sich in Ascona ganz dem Werk der Eranostagungen zu widmen. Diese Hingabe der Freunde war verpflichtend auch für den einzigen in der Schweiz Tätigen des engeren Eranoskreises: So kam es, daß ich von jenem Jahr an die Tagungen leitete. Es wurde eine

Stiftung gegründet, die das Werk fortsetzt. Die Folgezeit hat, wie ich glaube, unserer Entscheidung recht gegeben.

Eranos und das archaische Denken

Die Mitwirkung im Eranoskreis hat für die Ausweitung meiner geistigen Welt eine unabsehbare Wirkung gehabt. Sie hat zunächst einem tiefen Drang Nahrung gegeben: Über die Grenzen der Spezialarbeit hinaus die Ergebnisse des eigenen Schaffens mit denen anderer Bereiche zu vergleichen – und zudem einem weiteren Kreis von Teilnehmenden zu vermitteln, was mir an biologischer Forschung von umfassender Bedeutung erschien.
Eranos hat nicht nur dieses Bedürfnis gefördert, die Tagungen in Ascona/Moscia haben mir auch ermöglicht, die vielen Fragen deutlicher zu erfassen, die der Fernerstehende an den Biologen richten möchte. Darüber hinaus hat die Mitarbeit im Eranoskreis aber auch eine alte Liebe zum Blühen gebracht: die Suche nach vertieftem Wissen um archaisches Denken, um uralte Kulturen und ihren religiösen Geist war seit meinem Umgang mit dem Werk R. M. Holzapfels nie erloschen, ist aber seither besonders mächtig geworden.
Meine biologische Arbeit zeigte mir nachdrücklich die Bedeutung unseres ursprünglichen Welterlebens. Die Eranostagungen machten die Auseinandersetzung mit dem archaischen Denken besonders eindrucksvoll, stand es doch wirklich im Mittelpunkt dieses Werkes! Dieses Denken und Erleben erschien als ein wichtiger Faktor des Beharrens, als Zeugnis einer geradezu antihistorischen Grundstruktur des Geistes, die in unserer geschichtlichen Daseinsführung als Ausgleich mit am Werke ist und deren Sein für viele besonders drastisch und positiv ins Licht rückte, als der Amoklauf einer hemmungslosen Technik die Bedrohung unserer Existenz zur düstersten Wirklichkeit machte.
Meine Arbeit war immer mitbestimmt vom Willen, die Strukturen zu erforschen, welche in jedem von uns das Bleibende, die gründende Einheit des Humanen ins Werk setzen. So versuchten denn

auch meine Beiträge zu den Eranostagungen, die im Menschen erblich vorbereitete besondere Art der Weltbeziehung – die »natürliche Künstlichkeit« – darzustellen und auf die schweren Probleme hinzuweisen, welche die gleichfalls in unserem Wesen erblich verankerte Anlage zur Überschreitung der Grenzen archaischen Erlebens dem Menschen unserer Zeit aufgibt.

Was »Eranos« für mich bedeutet, das habe ich im Oktober 1961 zum 80. Geburtstag von Olga Fröbe ausgesprochen: »Unser Sinnen geht zu den verborgenen Quellen, denen das Große entspringt. Aller Ursprung ist dunkel. Auch wenn der helle Verstand noch so sehr unser Gestalten fördert – die Wunder des Geistes geschehen ohne unser bewußtes Wirken. In Ehrfurcht das Geheimnis des lebendigen Geistes aufzunehmen, mit wachem Sinn das Sagbare zur Sprache zu bringen, aber das Unsagbare immer gegenwärtig zu wissen – in diesem Geiste geschieht die Arbeit von Eranos.«

Wie ich schon erwähnte, haben diese Tagungen auch die Begegnung mit Carl Gustav Jung gebracht. Ihn kennenzulernen, das unablässige Arbeiten seines Geistes im täglichen Gespräch zu erfahren, die Wucht zu erleben, mit der er sich neuer Einsichten bemächtigte, mit dabeizusein, wenn er die einzelnen Redner, die mit neuen Themata in unseren Kreis eintraten, an sich zog und befragte – das waren Eindrücke von bleibender Größe. Den Mann zu erleben, der von den einen aufs höchste gepriesen, von den anderen mit ebenso großer Skepsis beurteilt wird – das war die glückliche Möglichkeit, sich mit einem so reichen Geist auseinanderzusetzen und sein Wollen tiefer zu verstehen. Mir erschien er im Laufe von zehn Jahren eines regelmäßigen sommerlichen Zusammenseins wie eine ganz besondere Naturkraft, der es in ungewöhnlichem Maße gegeben war, uns allen innewohnende seelische Wirkweisen ins Bewußtsein zu heben. Wir erfuhren eine schöpferische Macht, die aus den Verflechtungen des Seelischen und des Geistigen immer und immer wieder neue Bilder und Vergleiche ans Licht brachte. Ich habe oft im Gespräch mit andern über C. G. Jung den Vergleich mit einem Vulkan gewagt, der aus dem Erdinnern geheimnisvolles Gestein ans Licht bringt, be-

fremdendes Material, das nun von den Vulkanologen bearbeitet werden kann. Wie froh war ich daher, als ich manche Jahre nach dieser Erfahrung in der subtilen Darstellung von Aniéla Jaffé (Der Mythos vom Sinn im Werk von C. G. Jung, 1967) die Worte las, in denen Jung selbst sein Gestalten beschreibt: »Ich kann die Gedanken nur formulieren, wie sie aus mir herausbrechen. Das ist wie ein Geysir. Die nach mir kommen, werden sie ordnen müssen.«
Die Auswertung des Jungschen Werkes wird weitergehen müssen. Die Jung erleben durften, danken einem Menschen, der sich ein Leben lang selber dem Sichtbarmachen, dem wörtlichen Erfassen und dem Ordnen verborgener Lebensregungen gewidmet hat. Dies ist ja der einzige Zugang zu den tiefen Regionen unserer Seele, die wir alle so wenig kennen, von denen wir aber wissen, daß sie in nie ganz zu fassendem Ausmaß unser Leben mitbestimmen.

Grenzen des Forschens

Die Jahrzehnte, von denen ich berichte, haben eine Umformung meines Naturbildes gebracht, eine Ausweitung über jede christliche Weltsicht hinaus, aber ebenso auch hinaus über die Sicht einer positivistischen Naturforschung und eines auf Macht und Beherrschung der Naturvorgänge ausgerichteten wissenschaftlichen Denkens. Gerade diese Ausweitung hat indessen mitgeholfen, in mir ein wachsendes Gefühl auch für die Grenzen der Forschung zu verstärken, ein Gefühl auch für die historische Bedingtheit aller Erklärungsversuche – auch der Naturforschung.
Ich bin wacher geworden schon durch das, was sich in meiner eigenen Lebenszeit vollzogen hat, etwa die Wendung von einer sehr pessimistischen Einstufung der darwinistischen Lehre zu Beginn des Jahrhunderts zu einer völlig neuen Entfaltung der Evolutionstheorie im Gefolge der neuen Entdeckungen der Genetik. Ich denke auch daran, wie in meiner Frühzeit das Problem der Urzeugung, der Entstehung des Lebens, als großes Geheimnis aufgefaßt wurde und wie dann alle die Experimente begannen, um die erahnte Entstehung

von Vorlebensstufen nachzuvollziehen. Alles das hat mitgeholfen, die Notwendigkeit des Relativierens der wissenschaftlichen Aussagen in den Vordergrund zu rücken.

Dadurch mußte eine Überzeugung stetig wachsen: Das Ahnen der gewaltigen Geheimnissphäre der Wirklichkeit, die uns umgibt und von der wir selber ein Teil sind. Wie oft hat man mir vorgeworfen, daß ich zu bereitwillig das Wort »Geheimnis« benütze! Ich hätte überall da, wo ich »Geheimnis« sage, »Problem« sagen müssen, um in der Sprachform der Naturforschung zu bleiben. So meinen diese Ratgeber. Ich kann aber ihrem Vorschlag nicht folgen. Ich bin nämlich der Auffassung, es gebe »Probleme«, d.h. Fragestellungen, die man mit wissenschaftlichen Methoden zu lösen vermag oder wenigstens als beantwortbar auffaßt – anderseits aber darüber hinaus »Geheimnisse«, für die zumindest in unserer heutigen Zeit weder die technischen Hilfsmittel noch die geistigen Möglichkeiten der Durchdringung vorhanden sind – ja Fragen, auf die wir vielleicht nie eine wissenschaftliche Antwort haben werden!

Ich denke dabei an ein so undurchdringliches Phänomen wie das Sinnesleben, die entscheidende Transformation, die zum Wahrnehmen und Erleben führt. Es geht um den Übergang vom physikalisch-chemisch erforschbaren Geschehen im Zellinnern zu unserem subjektiven Erlebnis von Farbe und Duft, von Laut und Schall, von Lust oder Schmerz. Von beiden Seiten her sind viele wissenschaftlich begründete Aussagen möglich: wir erforschen das physikalisch-chemisch Faßbare der Sinneszellen – wir ergründen Zusammenhänge der psychischen Vorgänge. Aber der Prozeß, der vom Außen zum Innerlichen führt, bleibt uns verborgen.

Ich denke an das ungeheure Faktum des Bewußtseins, an die immer und immer wieder erneuten und wieder aufgegebenen Versuche, das Instrument erforschen zu wollen – eben das Bewußtsein – mit dem wir diese Erforschung des Instruments betreiben – ein Unterfangen, das mir vergeblich zu sein scheint.

Nach fünf Jahrzehnten der Arbeit auf mehreren Feldern der Biologie und der Begegnung mit Forschern anderer Geistesart, erlebe ich die Ehrfurcht vor dem Geheimnis der Wirklichkeit als die unabdingbare Voraussetzung für eine innere Umstimmung des Geistes der Naturforschung, für eine Wandlung, die statt des Herrschaftswissens, das uns vor die äußerste Bedrohung unseres Daseins geführt hat, ein Heilswissen erstrebt, das unser gefährdetes Leben wieder menschenwürdig macht. Zu dieser Umstimmung gehört die Einsicht in die Grenzen der wissenschaftlich begründeten Aussage. Dabei aber verbiete ich es mir selber streng, die Grenzen, um deren Existenz ich weiß, an einem bestimmten Ort ziehen zu wollen. Wir dringen in ein unabsehbares Dunkel ein und leuchten mit unseren Mitteln der Forschung immer neue Sachverhalte an. Niemand weiß, bis wohin ihn dieses Vordringen führt: Aber ich lebe in der Gewißheit, daß die Wissenschaft wohl immerfort noch unbekannte Wegstrecken ausleuchten wird, daß aber auch dann das Dunkel sich vor uns noch immer undurchdringlich weit erstrecken wird.

XIV
FORDERUNGEN AN DIE WISSENSCHAFTEN

Vor der Studienzeit ist der eifrige Leser, der ich immer schon war, vom übereifrigen Zeichner noch übertroffen worden. Selbstbildnisse boten gute Gelegenheit, alle technischen Möglichkeiten zu erproben. Aber auch die ganze Familie mußte als Modell herhalten, um meinen Übungen im Erfassen der Wirklichkeit zu dienen, die auch vor den anspruchsvolleren Ölmalereien nicht Halt machten. Die intensive wissenschaftliche Arbeit konzentrierte mein Zeichnen und Malen indessen bald auf Pflanzen und Tiere und ließ für spielerisches Üben ohnehin nur noch wenig Raum. So mag hier das letzte noch übriggebliebene Selbstbildnis, das um die Wende von 1915/16 entstanden ist, an eine ungebundenere Zeit erinnern.

1911 – der erste Naturschutztag in meiner Basler Schule. Hochstimmung im ganzen Haus. Singend zogen wir Buben ins Freie, eine festliche Schar, um uns in einer gemeinsamen Feier darauf zu besinnen, daß wir für unsere Nachkommen die wilde Natur zu schützen hätten. Wir waren stolz darauf, daß in unserem Lande Basel in der Pflege dieses Gedankens voranging. Viel romantische Freude war mit im Spiel.

1974 – wieder ziehen Scharen von Schülern aus. Sie lesen den Wust und Abraum unserer technischen Welt zusammen, welcher die Flußufer, die Seen verwüstet und unsere Waldränder zu Schuttablagen macht. Die Schüler von 1974 waten miteinander in Schmutz und Schlamm, um zu säubern, so gut es geht, um alle Nachlässigen daran zu mahnen, was Naturschutz heute in unserer nächsten Umwelt ist: Schutz des Menschen vor den Sünden seiner eigenen Zivilisation.

Welcher Gegensatz! Das Wort »Umwelt« lernten wir Biologen einst vor allem durch Jakob von Uexküll kennen: es bezeichnete die Eigenwelt, die das Sinnesleben jedes Organismus sich aus der uns verborgenen Wirklichkeit aufbaut.

Und jetzt?

»Umwelt« ist das Schlagwort für den natürlichen Lebensraum geworden, den es mit allen Kräften vor den Folgen unserer menschlichen Wirtschaft, vor unserem Unverstand, zu schützen gilt, Umwelt und Umweltschutz – beide Worte sind nun seit einigen Jahren so verbreitet, daß bereits die Gefahr droht, ihnen mit Überdruß und der Gleichgültigkeit zu begegnen.

Dem Kontrast des Lebensgefühls, der diese sechs Jahrzehnte – mit zwei verheerenden Weltkriegen – kennzeichnet, diesem Gegensatz entspricht ein völlig verändertes Verhältnis zur Wissenschaft, zur Naturwissenschaft und ihrer Folge, der Technik, ganz besonders. War man einst stolz darauf, daß diese Wissenschaft das große Geisteswerk des Abendlandes ist, so bedrückt uns heute das Schuldgefühl über das planetare Wuchern einer naturfeindlichen Technik, welche immer weiter, immer verheerender die Grundlage unserer Existenz zerstört.

Die Gewißheit, daß sich unser Verhältnis zu Wissenschaft und Technik ändern muß, wenn wir uns nicht selbst vernichten wollen, das Wissen darum, daß sich vieles, sehr vieles ändern muß, bestimmt heute mein Denken. Wo kann der Naturforscher einsetzen, um zu helfen? Verfügt er doch in seiner Abhängigkeit von der Gesellschaft über keine Machtmittel zum wirksamen Eingreifen.

Es gibt für den Biologen nur eine Möglichkeit: folgerichtig und unermüdlich mitzuschaffen an einer radikalen Änderung der herrschenden wissenschaftlichen Ansicht über das Leben und über die Ziele des Forschens.

Heute dominiert weithin im Abendland ein Denken und Planen, das überzeugt ist, wir könnten in absehbarer Zeit die auf Erden zugänglichen Naturprozesse erfassen und sie alle in unseren Dienst stellen. Das ist ein Glaube. Ihm entspricht die Gewißheit, daß der abendländische Geist seine heutige Herrschaft einer Wissenschaft verdankt, die alles Erkennbare auf den Stand eines Objektes reduziert, über das man letztlich verfügen wird, soweit es dem irdischen Bereich angehört. »Die Wissenschaft findet – die Industrie wendet an – der Mensch paßt sich an.« So formulierte es der offizielle Führer durch die große Ausstellung von 1933 in Chikago. Diese einfache Sicht führt dazu, im Zuge des Reduzierens die Lebensform vieler Menschengruppen, die anders sind als wir, als frühe Stufen des Humanen zu erklären, die wir überwunden haben und die also dem Vormenschlichen näher stehen.

Immer wieder bin ich bestürzt darüber, wie leichthin die Darstellung des Lebens solcher »Naturvölker« unseren Zeitschriften der Naturkunde überlassen wird, als seien diese »Objekte« eben doch dem Leben fremder Tiere, dem Außermenschlichen schlechthin näher. Das geschieht mit dem guten Gewissen des vom Schicksal zur obersten Instanz ernannten Abendlandes. Ein absurder Glaube – aber er verleiht seinen Anhängern die Machtgefühle, die von einer solchen Überzeugung ausgehen.

Ihm steht ein ganz anderer Glaube gegenüber – daß wir nämlich auf dem Vormarsch ins Unbekannte wohl noch vieles erfahren werden,

was uns heute als unfaßbar erscheint, ohne aber das letzte Geheimnis dieser irdischen Natur zu ergründen – einer Natur, von der wir selbst immer ein Teil bleiben werden. Dieses Lebensgefühl mißtraut den Ansprüchen einer Wissenschaft, die nur die Reduktion zum ausnützbaren Objekt erstrebt. Sie weiß um eine Geistesart, die unser Weltbild durch Lebensformen bereichert, denen rationale Wissenschaft fremd ist, die uns aber durch Dichtung und bildende Kunst höchste Werte schenken.
Wie arm wären wir, wenn ein mächtiges Zauberwort mit einem Schlag aus unserem Erleben alles ausmerzen könnte, was uns die Imagination der alten keltischen Völker geschenkt hat, vom König Artus und dem Sagenkreis um den Gral, von Merlin, dem Zauberer! Oder wenn dasselbe mit dem herrlichen Geistesgut der Odyssee geschähe oder mit anderen reichen Fabelwelten der weiten Welt. Früh schon stand mein eigenes Schaffen im Zeichen der Einheit einer geistigen Polarität von rational forschender und gefühlsstarker Beziehung zu Mensch und Welt. Ich bin überzeugt, das heute dominierende Erkenntnisstreben werde zwangsläufig ein Werkzeug des Zerstörens bleiben, mag der einzelne Forscher dagegen ankämpfen oder nicht; daß aber in dem Glauben an einen tiefsten Geheimnisgrund auch unseres eigenen Wesens heilende Möglichkeiten verborgen sind.

Der Keim baut selbst sein Gehirn

Um diese meine Gewißheit zu begründen, sei an einem Beispiel auf Tatsachen hingewiesen, die mich bestimmen, der unbekannten Natur anders zu begegnen als das dominierende Herrschaftswissen unserer Tage. Ich berichte vom Erforschen des Gehirns und seiner Rolle im Ganzen des Organismus. Ich möchte damit für eine Naturansicht zeugen, die uns der so vielzitierten Jahrtausendwende vielleicht mit etwas besserem Gewissen entgegenführt als die herrschende Stimmung unserer Zeit.
Das Gehirn ist wesentliches Organ unseres geistigen Seins in der

Welt. In ihm vollziehen sich die größten Geheimnisse unseres Welterlebens. Sind es wirklich Geheimnisse, ewig verborgene, oder sind es lösbare Probleme? Ich habe mein Gefühl diesen Fragen gegenüber in unserer Rückschau nicht verborgen. Ist dies Gehirn, das führende System, das unser Verhalten bestimmt, auch die letzte oberste Instanz im lebendigen Organismus?

Ein Experiment gibt Antwort auf diese Frage.

Seit Jahrzehnten ist es bekannt, in immer neuen Varianten überprüft und erweitert: Es ist die Teilung eines Strudelwurms, einer Planarie, wie die Zoologen das kleine Tier nennen. Es gehört einer Formstufe an, die wir »niedrig« nennen, im vollen Wissen darum, daß auch sie uns die letzten Rätsel des biologischen Suchens aufgibt. Der experimentierende Biologe teilt diesen Wurm quer, in zwei Stücke. Der Versuch erscheint gewiß auf den ersten Blick grausam – doch die Folgen bezeugen uns eine Kraft des Lebendigen, welche uns dieses Gefühl vergessen läßt. Jedes der beiden Teilstücke formt sich zu einem Ganzen: das Vorderende erzeugt eine neue Hinterhälfte, das andere Stück aber bildet einen neuen Vorderteil mit Gehirn und Augen. Wir wissen recht viel über die Zellbewegungen, welche diese Regeneration ausführen – aber darum geht es mir im Augenblick nicht. Nur das Erstaunlichste muß ich hervorheben.

An der Schnittfläche des hinteren Teilstücks formt sich eine Zellmasse von embryonalem Charakter, welche bald die Gestalt des fehlenden Kopfgebietes annimmt und ein völlig neues Gehirn sowie zwei neue Augen und andere Sinnesorgane des vorderen Pols ausbildet.

Darf ich einen Augenblick dieses Geschehen schulmeisterlich in einem Satz darlegen?

Die hintere Hälfte eines Organismus baut – sich selbst – ein neues Gehirn auf. Ich möchte, daß wir einen Augenblick das Gewicht zweier Worte bedenken, die wir so leichthin aussprechen: »sich« und »selbst«. Das ganze Rätsel oder das tiefe Geheimnis der lebendigen Gestalt ist damit ausgesprochen, ob wir nun vom Strudelwurm berichten oder von unserem Menschensein! Denn was da eben vom regenerierenden Strudelwurm berichtet wurde, das gilt ja auch für ein Kügelchen des Lebensstoffes, etwa ein Zehntel eines Millimeters im Durchmesser; es gilt von der menschlichen Keimzelle, die im Mutterleibe ein vielzelliges Gebilde errichtet, das unter anderem auch sich selbst ein Menschenhirn aufbaut. Dieses Protoplasma unserer Eizelle leistet, allerdings in einem viel größeren Ausmaß, was wir eben den regenerierenden Teil eines Wurms haben vollbringen sehen.

Einen großen Unterschied dürfen wir nicht übersehen. Unser Keim leistet dieses Aufbauwerk nur ein einziges Mal – die Planarie aber vermag die Regeneration mehrmals zu vollziehen.

Welches Werk einer einzigen Keimzelle!

In den ersten vier Jahren unserer Kindheit entsteht etwa eine Masse von 1400–1500 g Nervengewebe – wir nehmen einen Mittelwert des Hirngewichts an – nach vorsichtigen Schätzungen sind das zehn bis vierzehn Milliarden Nervenzellen. Die Zahl der Fasern, welche diese Zellen untereinander verbinden und so die Arbeit dieses Organs ermöglichen, wagen wir nicht anzugeben, sie ist ebenso unvorstellbar wie die eben genannte Menge von Hirnzellen. Das Gehirn eines Pottwals, etwa fünf- bis sechsmal so schwer als das unsrige, mag allein im Großhirn an die 26 Milliarden Zellen enthalten – alles geleistet von der ursprünglichen Keimzelle, die auch hier weniger als Millimetergröße mißt.

Ob wir den Neuaufbau eines Nervenzentrums im regenerierenden Wurm verfolgen oder die Formung des Zentralorgans durch den Säugetierkeim: Immer ist dieses Gehirn das Werk einer umfassenderen Instanz, nie ist es selbst der große Ordner, auch wenn es nach seinem Aufbau einen besonders auffälligen Teil der Weltbeziehung und des inneren Ordnungsdienstes übernimmt.

Aber wer ist nun wirklich der oberste Ordner dieses Geschehens? Vielleicht denken wir an die Chromosomenstruktur im Zellkern, an die berühmt gewordene Doppelhelix, deren Aufbau in den fünfziger Jahren erhellt worden ist. Aber es sind ja unzählige Zellen, im werdenden Keim wie im regenerierenden Strudelwurm, mit dieser

Kernstruktur versehen. Wer leitet den Aufbau des Gehirns, den einmaligen im Menschenkeim, den wiederholbaren in der Planarie? Wer leitet, wer ordnet?

Die technische Sprache der heutigen Forschung liefert ein Zauberwort. Der Ablauf der Formbildung ist programmiert in den Erbsystemen von Zellkern und Zellplasma, die zusammen den Aufbau leiten! Wer heute »programmiert« sagt, spricht die Sprache der Computertechnik. Und er weiß, daß wir Menschen diese Programmierung leisten, und darf sich dabei zunächst beruhigen. Denkt er aber trotzdem weiter, so wird die Sache wieder rätselvoll. Programmierung als Aussage über Ordnungssysteme im Lebensstoff erlaubt selbst diese vorläufige Beruhigung nicht.

Wie ist dieses System im Lebenskeim, in der Keimzelle, im regenerierenden Wurm entstanden?

Die ungeheure Frage nach den Faktoren der Naturevolution ist uns gestellt. Ist es der Zufall von Änderungen im Lebenskeim und die unerbittliche Auslese durch viele Faktoren im Innern wie in der äußeren Umgebung, die im Laufe von Jahrmillionen die Programmierung erzwungen haben – oder müssen wir noch völlig unbekannte Möglichkeiten annehmen?

Das Nachsinnen über dieses Beispiel organischen Werdens führt uns zurück an die Stelle, wo sich die Wege der Naturdeutung trennen – zu den extremen Ansichten über die Möglichkeiten des Forschens: Ob das Leben in absehbarer Zeit durchschaut sei oder ob es auch bei intensivstem Vorantreiben des Ergründens letztlich ein Geheimnis bleibe.

Ich arbeite in der Überzeugung vom letzten Geheimnisgrund – man kann anders denken. Aber die Art meines Denkens zwingt zu einer Forderung: Wir schulden der letztlich unfaßbaren »Natur« Ehrfurcht – statt sie in immer rasenderem Tempo zu zerstören. Wir sind verantwortlich dafür, daß die Generationen, die nach uns kommen, eine Umwelt vorfinden, wie sie uns trotz unserem unsinnigen Wirken noch immer so reich umgibt.

Das heißt Kampf, Ringen um eine Weltsicht, in der Ehrfurcht vor der Natur ein entscheidendes Gefühl ist. Es heißt Kampf gegen die Entwicklung einer Biotechnik, die daran ist, zu einer herrschenden Weltmacht zu werden.

Das Bibelwort »Seid fruchtbar und mehret Euch und füllet die Erde und machet Sie Euch untertan und herrschet über die Fische im Meer und über die Vögel unter dem Himmel und über alles Getier, das auf Erden kriecht« – dieses Wort ist heute in erschreckendem Umfang erfüllt.

Daß dieses Erschrecken unserer Zeit nicht schon vor Jahrhunderten die Menschen des Abendlandes erfassen mußte, hat seinen Grund. Gab es doch vor Zeiten noch eine wirksame Schranke gegen die Entfaltung der Naturwissenschaft zur technischen Macht: Den Kampf der christlichen Kirche gegen die Wißbegierde, gegen die als ungesund beurteilte »Curiositas«. Er setzt früh ein und hat ältere Vorläufer.

Die Auseinandersetzung darüber, ob Ausbeutung der Natur ein Frevel oder ein göttlicher Auftrag sei – sie ist bereits in der vorchristlichen Antike aktuell. Die Idee, der Homo faber, der technische Mensch bringe uns Verderben, ist früh am Werk. Uralt ist auch die Auseinandersetzung über Wert und Unwert von Erkennen und Forschen – eine Diskussion, welche im christlichen Denken zur Ablehnung des Forschens führt.

Hören wir Augustin an der Wende des vierten zum fünften Jahrhundert unserer Zeitrechnung: »Es gibt Leute, die alle Tugendhaftigkeit verlassen und im Unwissen um das Wesen Gottes und die Majestät einer sich immer gleichbleibenden Natur etwas Bedeutendes zu leisten glauben, indem sie die ganze Masse der Körper, die wir Welt nennen, mit äußerster Neugierde und Aufmerksamkeit durchforschen ... Die Seele, die sich unversehrt für den Dienst Gottes bereithält, bleibt von der Begierde nach so eitler Erkenntnis frei.«

Fast ein Jahrtausend später, 1337, im Jahr nach der berühmten Besteigung des Mont Ventoux in der Provence, schreibt Petrarca im gleichen Sinne an einen Freund: »Mag Tuhle im Norden verborgen bleiben, mag im Süden verborgen bleiben die Quelle des Nils – wenn nur mitten zwischen ihnen die Tugend festen Fuß faßt und nichts verborgen bleibt.«

Die mythische Überlieferung hat einst die Vorstellung begünstigt, daß der Mensch im Sündenfall, von dem das Alte Testament berichtet, das ursprüngliche Wissen, eine primäre Beziehung zum Schöpfer verscherzt habe, daß aber dem sündigen Menschen ein Weg offengelassen worden sei: Durch Arbeit, mit von Gott gewollter Mühe, Wissen zu erreichen, statt es als große Gabe des Schöpfers zu besitzen. Aus dieser Überzeugung nährt sich früh der Widerstand forschender Menschen gegen den Zwang der Kirche, welche die sündige Wißbegier zähmen will. Gott hat dem gefallenen Menschen den Aufstieg zum Wissen offengelassen. Freilich nur stückweise darf sich dieses Erkennen verwirklichen. In Galileis Dialogen (3. Tag, 1626) sagt Salviati, »gerade in dieser Zeit habe es Gott gefallen, dem menschlichen Geist eine so wunderbare Erfindung (die des Fernrohrs) zuzugestehen«. Anderseits betont J. Glanvill in England um 1661 im Sinne der mythischen Vorstellungen vom Urzustand, daß Adam vor dem Sündenfall »Galileos tube« noch nicht benötigt habe, denn ihm stand die ganze Natur unmittelbar und für das bloße Auge offen.

Der Widerstand der Kirche, welche die frevelnde Neugier mit jedem Mittel bekämpft hat, konnte die Entfaltung der Biologie besonders lange verhindern, da die Kirche durch einen wesentlichen Zug im Sozialleben bis ins 17. und 18. Jahrhundert unterstützt worden ist: durch die Begrenzung der eigentlichen Wissenschaft auf das mathematisch Erfaßbare. Die Erforschung des Lebendigen galt als Befriedigung einer gewiß löblichen Leidenschaft: Sie blieb lange ein Suchen nach Seltsamkeiten, Kuriositäten in einer Welt, die sich nicht ohne weiteres dem mathematischen Sinn erschloß. Die Ergebnisse dieses Umgangs mit der Welt der Organismen, soweit ihnen nicht praktischer Nutzen zukam, häuften sich in Sammlungen begüterter Liebhaber. Manche dieser Kuriositätenkabinette haben den Grund zu unseren großen Museen gelegt.

Noch 1820 mahnt Goethe an die Gefahren des schrankenlosen Vordringens in Geheimnisse der Natur. In Wilhelm Meisters Wanderjahren, als der Astronom Makariens Wilhelm den Jupiter und seine Trabanten im Fernrohr zeigt – wie reagiert Wilhelm: »Ich weiß nicht, ob ich Ihnen danken soll, daß Sie mir dieses Gestirn so über alles Maß näher gerückt. Als ich es vorhin sah, stand es im Verhältnis zu dem übrigen Unzähligen des Himmels und mir selbst; jetzt aber tritt es in meiner Einbildungskraft unverhältnismäßig hervor, und ich weiß nicht, ob ich die übrigen Scharen gleicherweise heranzuführen wünschen sollte – sie werden mich einengen, mich beängstigen.«

Im Urmenschenbild Rousseaus lebt die Idee von einer ewigen Weisheit der Natur, die dem Menschen ursprünglich die Wißbegierde verwehrt habe. Im Frühmenschen des Marx'schen Denkens dagegen gehört die Neugier, der Drang nach Erfahrung zum elementaren Geist. Wir stehen im 19. Jahrhundert und denken nochmals daran, daß in der Zeit um 1842–1844, da Marx sein Menschenbild entworfen hat, Darwin an der ersten Fassung des »Ursprungs der Arten« schrieb.

Wer auf die langsame Entwicklung der Biologie historisch zurückblickt und die Mittel beurteilt, mit denen die Kirche im Abendlande die Entfaltung der »Curiositas«, der wissenschaftlichen Neugierde, bekämpft hat, wird mit vielen guten Gründen diese Unterdrückung des Geistes negativ beurteilen und den heroischen Aspekt des Kampfes um Freiheit des Denkens, Forschens und Lehrens hervorheben.

Niemand wird die Größe dieses Ringens um Freiheit verkleinern wollen. Und doch drängt sich heute eine neue Sicht auch dieses Kampfes gegen die Wissenschaft auf, angesichts der Gefahren von Überbevölkerung, Umweltverseuchung und Mißbrauch biologischer Erkenntnis zum Erfinden neuer Vernichtungswaffen oder zum hemmungslosen Einfluß auf das Erleben durch die Möglichkeiten der Biochemie.

Die steigende Abhängigkeit der Naturwissenschaft von großen Geldmitteln hat in der Lebensforschung eine Biotechnik ermöglicht, welche sich mehr und mehr von den ursprünglichen Zielen der Forschung loslöst. Wohl gründet sich diese Biotechnik auf die Methoden des Forschens, ihre Impulse aber entstammen den Absichten der Gesellschaft, dem Verlangen herrschender Gruppen, die in großer Divergenz nach den verschiedensten Leitbildern bald gegen, bald miteinander arbeiten – all das in einer Welt voller Unsicherheit des Wertens.

So stehen wir vor dem Zwang, daß begrenzende Maßnahmen gegen den schrankenlosen Gebrauch wissenschaftlicher Ergebnisse gefunden werden müssen – und wir suchen zur Zeit vergeblich nach diesen Möglichkeiten. Wir müssen einsehen, daß die hemmungslose Ausnützung wissenschaftlicher Resultate heute weltweit ist, daß die sich bekämpfenden Egoismen der großen Gruppen einer vernünftigen Abwehr entgegenstehen.

Die Forschung ist der Gefangene der Macht.

Alle Staats- und Glaubensformen haben ihre besonderen Vorbehalte gegen gemeinsames Vorgehen – eine Wirrnis der Geister, die an der Ohnmacht dem schweren Problem gegenüber mitschuldig ist. Es ist heute die Forschung selbst, die um ihre Freiheit während Jahrhunderten hat kämpfen müssen, welche das Problem der Kontrolle ihrer Folgen erkennt und Grenzen der technischen Ausbeutung fordern muß.

Der Weg des Morphologen

Zwischen dem frühen, noch träumerisch romantisch verklärten Naturschutzstreben in der Zeit vor den Erschütterungen des Ersten Weltkriegs und dem heutigen Kampf gegen das Ersticken unserer Umwelt im Abfall einer entfesselten Technik nach der zweiten Weltkatastrophe liegen die Jahrzehnte meiner biologischen Arbeit.

Vielfach waren am Beginn die äußeren und inneren Schwierigkeiten meines Suchens nach dem rechten Weg; galt es doch, zwischen den Neigungen zum bildhaften Gestalten und der Liebe zum Ergründen der lebendigen Formen zu wählen. Nachdem aber die Münchner Zeit diesen Zwiespalt entschieden hatte, lag die Richtung meines biologischen Wirkens doch recht früh einigermaßen klar vor mir. Nicht die Wahl der Teilgebiete, das ist wohl im Laufe dieser Umschau deutlich geworden. Wohl aber zeigte die innere Magnetnadel immer wieder nach einem Pol, der in verborgenen Anlagen festgelegt war.

Es hat freilich nicht an inneren Kämpfen gefehlt, ganz besonders in der anregenden Atmosphäre im Laboratorium von Emile Guyénot in Genf, wo die experimentierende Zoologie absolut beherrschend war. Und Guyénots begeisternder Einfluß wirkte so mächtig weiter, daß ich in der nachfolgenden marinen Zeit in Roscoff und erst recht in Banyuls-sur-mer eine Weile dem Appell einer zeitgemäßen experimentellen Arbeit folgte. Ausgiebige Studien an Meerespolypen und Seeanemonen gehören dieser Phase an. Es ging bei diesen Arbeiten um die Frage, wie weit sich diese Gestalten einer einfachen Formstufe durch äußere Einwirkungen auf sehr einfache Formstufen reduzieren und unter normalen Bedingungen wieder zur arttypischen Gestalt umbilden lassen.

Der tiefere Hang zur vergleichenden Gestaltforschung und Entwicklungsgeschichte hat aber diese experimentellen Arbeiten doch zur Episode gemacht, an die ich mit Freude zurückdenke. Ja, es gibt in jüngster Zeit nicht selten Augenblicke, in denen in mir die Lust erwacht, alte experimentelle Probleme, zu deren Weiterführung mir in Banyuls der Anreiz fehlte, in einem neuen, erweiterten Horizont wieder aufzugreifen, weil sie in zentrale Bezirke der Morphologie führen.

Die Entwicklung des Hochschulunterrichts, welche die vergleichende Formenlehre immer drastischer abgewertet hat, mußte in mir wie ein Alarmsignal wirken, wie ein Aufruf, sich für bedrohte Werke einzusetzen. Die Tendenz der experimentellen Biologie,

mehr noch der Zwang, ihre entscheidenden Fragen den niedrigen Organismen zu stellen, von ihnen die Antworten auf wichtige makromolekulare und genetische Probleme zu erhalten, das hat zu einer beträchtlichen Abwendung von hohen Gestalten geführt, zugleich auch oft zum Verkennen der besonderen Fragen, welche gerade die komplexen Gestalten dringlicher an uns richten als die Bakterien und Viren oder die Zellen einer Gewebekultur.
Es entwickelt sich eine begreifliche Wechselwirkung zwischen der Wahl des Forschungsobjekts und der geistigen Wesensart der Biologen. Wer im Innersten überzeugt ist, daß experimentelles Forschen der Lösung großer Probleme besonders günstig ist, der wird die Objekte für seine Versuche auf den einfachsten Lebensstufen suchen, welche die elementaren Strukturen unvermittelter darbieten und so einen direkteren Zugang zum zentralen Problem versprechen. Er wird aber auch leicht der Versuchung unterliegen, die Regeln, die er derart entdeckt, zur Erklärung sehr dunkler Probleme der Evolution höheren Lebens für genügend zu erachten.
Wer anderseits seine Arbeit auf das komplexe Faktum der Erscheinung höchster Lebensgestalten richtet, seien es Blütenpflanzen oder Vögel, Insekten oder Tintenfische, der wird angesichts der vielfach verflochtenen Vorgänge von Entwicklung und Verhalten zur Skepsis gegenüber einfachen Antworten auf Evolutionsprobleme geführt. Er wird eher geneigt sein, eine Frage als ungelöst zurückzustellen, die von der Erfahrung an einfachsten Lebensstufen her als prinzipiell beantwortet angesehen wird.
Wie lebhaft erinnere ich mich einer langen Diskussion mit einem lieben und verehrten Kollegen der experimentellen Arbeitsweise, dessen reiche Erfahrung ich hochschätzte. Wir sprachen von Gestaltproblemen, mit denen er mich beschäftigt wußte – es ging um die ungelöste Frage nach den Auslesewirkungen, welche in der Stammesentwicklung der Säuger ein so wichtiges Organ, wie die männlichen Keimdrüsen, aus ihrer ursprünglichen geschützten Lage im Körperinnern in die exponierte Situation im äußeren Hodensack befördern könnten. Wir waren beide einer Meinung, daß die zur

Zeit angebotenen Hypothesen, diesen Hodenabstieg als Folge von Selektion zu erklären, nicht nur dürftig, sondern unsinnig seien. Aber da ich für dieses seltsame Phänomen uns unbekannte, ja vielleicht gar unzugängliche Wirkweisen der Evolution vermutete, da meinte mein Gesprächspartner doch energisch: »Sie resignieren zu rasch.« Er sah Resignation, wo ich über eine Welt von verborgenen Möglichkeiten nachsann, prüfend, verwerfend, zögernd, aber voll Hoffnungen auf Sagbares.

Oft denke ich an dieses Gespräch vor drei Jahrzehnten zurück, weil es an die Weite des Feldes mahnt, auf dem Forscher mit sehr verschiedener Einstellung zu den Grundfragen arbeiten. Wie mächtig lenken verborgene Gegensätze der Anlage ihrer Weltsicht und ihres Charakters die Auswahl der Probleme, denen sich die Biologen zuwenden.

Noch eine andere Diskussion ist in meinem Erinnern verankert. Ich sprach in einer deutschen Stadt über Gestaltprobleme, wobei für mich wesentliche Fragen wie der Gegensatz von adressierter und unadressierter Erscheinung oder das Problem der »Selbstdarstellung« als ein zur »Innerlichkeit« komplementäres Phänomen eine Rolle spielten. Ein Fachkollege fühlte sich verpflichtet, meinen Ausblick als interessant zu klassifizieren, um dann sein »aber« um so markanter anzubringen – »aber, was ich berichtet habe, sei eben doch sehr philosophisch gewesen«. Ein arger Vorwurf in den Augen gar mancher Biologen! Ich konnte nur darauf hinweisen, auch diese Kritik an meinem Vortrag sei philosophisch – nur entstamme der Vorwurf einer ganz anderen Philosophie.

Sehr oft habe ich feststellen müssen, daß treffliche Biologen ihre eigenen Aussagen als selbstverständlich objektiv ansehen, während ihnen die andern als befangen, eben als »philosophisch befangen«, gelten. Sie wissen nicht, daß sie selbst meist aus einer verbreiteten positivistischen Einstellung heraus auf ihre Weise befangen sind. Ich habe mich stets bemüht, die Hintergründe biologischer Aussagen so gut wie möglich zu erfassen – eine Aufgabe, die mir auch im Unterricht dauernd gegenwärtig war.

Die Weite des Arbeitsfeldes, das sich vor dem Biologen ausbreitet, bringt es mit sich, daß die Phänomene des Lebens von extrem verschiedenen Standorten aus erforscht und dargestellt werden. Ich habe in unserer Umschau das Bild vom Theater gebraucht, das sich einem Beobachter hinter der Bühne ganz anders darbietet als dem Zuschauer vor der Bühne. Es lassen sich andere Vergleiche ersinnen. Mir liegt nur daran, fruchtlose Diskussionen auszuschalten, wenn Resultate beurteilt werden, die von polar verschiedenen Blickpunkten aus gewonnen worden sind.

Wir müssen uns doch zunächst darüber verständigen können, daß die Untersuchung eines Geschehens, das sich zwischen dem Zellplasma und dem Erbsystem im Zellkern abspielt, mit anderen Mitteln und mit anderer Zielsetzung durchgeführt werden muß als die Ergründung des Mutter-Kind-Verhaltens beim Gorilla oder beim Schimpansen, daß also die »Wissenschaftlichkeit« der beiden Untersuchungen ihre Besonderheiten aufweist. Sind wir über den Kontrast von Methode und Endziel einig, so dürfte es nicht zu schwer fallen, beide Arbeitsweisen als »biologisch« gelten zu lassen und beide als Beitrag zur Erkenntnis des Lebendigen hinzunehmen.

Niemand wird den Versuch zu einem umfassenden Überblick, das Wagnis einer großen Synthese verhindern wollen. Doch sollte jedes derartige Unternehmen von zwei Einsichten mitbestimmt werden: einmal durch eine große Vorstellung von der räumlichen, erdzeitlichen und gestaltlichen Weite der Lebensentwicklung – überdies aber vom Wissen um die besondere Anlage, Sehweise und Imagination des Forschers. Es sollte soweit kommen, daß wir nicht die Fassung verlieren, wenn ein Forscher die gesamte Evolution als grundsätzlich durchschaut auffaßt und sie darstellt, als durch Notwendigkeit und Zufall erkärt – oder wenn aus einer anderen Sicht mit Überzeugung vom unerforschten Geheimnisgrund die Rede ist.

Wir müssen allmählich darüber einig werden, daß die extremen Kontraste solcher Aussagen verschiedenen Richtungen des Glaubens entspringen. Es ist überheblich anzunehmen, das jetzt und hier Erforschte, der gegenwärtige Stand der Arbeit enthalte alle wesentlichen Elemente für eine generelle Theorie der Evolution des Lebendigen. Es wäre indessen ebenso überheblich, zu behaupten, das zur Zeit Erforschte hätte keinen Erklärungswert im Hinblick auf das ungeheure Problem der Evolution.

Es warten Millionen von Menschen auf die Ergebnisse des Forschens. Wenn die Biologen – um nur von ihnen zu sprechen – glaubhaft bleiben wollen, dann müssen ihre Aussagen etwas von der Weite des Problems ausstrahlen und das Gefühl für die Verschiedenheit der Blickpunkte und Absichten vermitteln.

Die einzelne Darlegung, ob sie nun ein Geschehen im innersten plasmatischen Raum betrifft oder eine sinnenhafte Beziehung zwischen zwei Lebewesen, sollte die Überzeugung vermitteln, daß hier von weit entlegenen Arbeitsweisen Beiträge zur Erkenntnis eines uns verborgenen Ganzen geleistet werden.

Würde ich ein großes figurenreiches Bild in tausend Puzzlestücke zersägen und gäbe jemandem, der vom Bild nichts weiß, zweihundert beliebig herausgeholte Teile zum Zusammenfügen – würden wir erwarten, das richtige Bild werde beim Versuch des Kombinierens entstehen? Wir sind aber in der Lage dieses Jemand, wenn die Biologen uns ihre Teilstücke übergeben, die sie an sehr verschiedenen Orten, auf gar verschiedene Weise gewonnen haben. Wer wagt es zu sagen, das Ergebnis des Zusammenstellens vermittle das wahre Bild?

Lob der primären Welt

Der Geist, den es zum schrankenlosen Erkennen drängt, hat sich durch Jahrhunderte des Kampfes gegen die christliche Kirche befreit. Und heute, nachdem sich sein gefährlichstes Erzeugnis, die Technik, über die ganze Erde hin verbreitet hat, muß dieser entfesselte Geist selbst zur Umkehr mahnen und Grenzen für die Auswirkungen seines Forschens suchen!

Diese lastende Aufgabe fordert eine Grundstimmung unseres Verhaltens, in der die Achtung vor dem Geheimnis des Lebens am Werk ist, die Achtung vor alldem, was wir nicht geschaffen haben. Nur auf diesem Grunde kann ein neues religiöses Weltgefühl entstehen, das neue Maßstäbe eines sinnvollen Verhaltens im Blick auf unsere bedrohte Zukunft ermöglicht, eine Haltung, welche auch die Ziele und die Wege des Forschens neu zu bestimmen vermag.
Was wird es brauchen, um nicht allein unser eigenes Sozialleben durch ein sinnvolles Rechtsdenken zu ordnen, sondern auch die bedrohte Welt des Außermenschlichen so zu erhalten, daß der Reichtum ihrer Gestalten auch unseren Nachkommen noch eine Quelle von geistiger Erhebung und Daseinsfreude bleiben wird?
Es mag recht oft seltsam berührt haben, daß ein Biologe, ein der Naturforschung verpflichteter Lehrer, immer wieder und so eindringlich vom Unverstandenen gesprochen hat, wie ich es in meiner Hochschularbeit getan habe; daß im Hörsaal sowohl wie im Freien, am Meer, meine Begleiter hingewiesen wurden auf das Ungewöhnliche, das Viele, das beim Ergründen des Lebendigen einem einseitigen Verstehen im Sinne von funktioneller Zweckmäßigkeit entgegensteht. Wie seltsam, daß gerade ein Zoologe, welcher die Strenge des biologischen Denkens fordert, immer wieder auch die Wege eines ästhetischen Zugangs zum Erfassen organischer Gestalten aufzeigen wollte und aufzuzeigen versucht.
Wer sich Jahrzehnte hindurch bemüht hat, unsere Einsicht in die Beziehungen zwischen Form und Funktion am Beispiel der Vogelfeder zu vertiefen, wie wir dies in meinem Laboratorium getan haben, der darf auch immer wieder auf die Gestaltungen hinweisen, die sich einer solchen Deutung entziehen.
Das Ahnen der unergründeten Weite der Wirklichkeit, die uns als gewaltige Einheit umschließt, die unser ganzes Wesen mit enthält – dieses Ahnen verlangt, daß unser vom Verstand geordnetes Weltbild als unvollendet erfaßt und durch die Imagination verborgener Zusammenhänge in immer erneuten Versuchen ergänzt wird.
Die Wissenschaft selbst hilft uns zu solcher Ausweitung. Die biolo-

gische Arbeit leitet uns nicht nur an, das Lebendige durch Maß und Zahl zu erfassen, sie führt uns auch auf unerwarteten Umwegen zurück in das Besondere unserer menschlichen Eigenwelt, in die naive Wirklichkeit unseres Erlebens.

Wir müssen dieser Wendung nachgehen.

Wenn ich das Beispiel unseres Farberlebens wähle, so bestimmt mich dazu die Rolle, welche dem Sehen in meiner Welt zukommt. Als ich mein zoologisches Studium begann, hatte K. v. Frisch in München eben den Streit entschieden, ob die Insekten farbenblind seien. Der Farbensinn der Bienen war durch das Experiment nachgewiesen. Aber v. Frisch hat auch gezeigt, daß der Lichtsinn des Insekts nicht der unsrige ist: am einen Ende des Farbenbandes, in das wir unser Sonnenlicht zerlegen können, ist dies Spektrum für die Biene verkürzt. Ihr fehlt die Empfindung für Rot – und die für Grün ist auch nicht die unsrige! Etwas später erfuhren die Forscher, daß jenseits des Blauviolett, wo unsere Farbenreihe endet, das Bienenauge – und sicher auch das Sehorgan anderer Insekten – »ultraviolett« sieht, eine Farbe, die wir wohl messend zu definieren, aber nicht zu erleben vermögen.

Die Überraschungen gingen weiter: 1924 wurden Blüten durch ultraviolett-empfindlichen Film aufgenommen und zeigten, daß sie vielerlei, für unser Auge unsichtbare Muster in dieser Farbe tragen, für Insekten also viel reicher sind im Erscheinungsbild als für uns. Ich lasse dabei die Frage aus dem Spiel, wie das so anders gebaute Sehorgan und das Gehirn die Gestalt der Blüten wahrnehmen. Das ist eine andere Geschichte. Es geht jetzt nur um den Kontrast des Farberlebens.

Das Experiment beweist uns, daß die Bienen das leuchtende Rot unseres Mohns nicht als rote Farbe sehen, sondern in einem für uns unsichtbaren Schimmer von ultraviolett. Die vier schwarzen Zeichen im Blütengrund aber sind für das Insekt mit einem markanten ultravioletten Vorderrand geziert.

Und die geliebten Nachtkerzen, die stillen Gefährten meiner frühen Jugend, die auf den abendlichen Schotterfeldern am Strom so hellgelb leuchteten – ich mußte nun erfahren, daß sie für das Bienenauge nur an der Basis der Kronblätter meinem Gelb ähnlich strahlen, während der Rand viel ultraviolettes Licht einmischt und so den Saum der Blüte in eine andere Farbe verwandelt. Die Forscher nennen das »Bienenpurpur«. Wie die Immen diesen Purpur erleben, wer weiß das?

Unser Grün der Wiesen und Wälder – den Bienen strahlt es auch als Ultraviolett zurück und erscheint ihnen durch die Strahlenmischung vielleicht als farbloser neutraler Hintergrund ihrer Blumenwelt.

Wir lernen um.

Die Blumenpracht muß neu beschrieben werden, wenn wir unsere Ahnung vom Zusammenleben von Insekten und Blumen so gut wie möglich unserem Wissen anpassen wollen. Was Jakob von Uexküll am Beginn dieses Jahrhunderts in seinem Werk über »Innenwelt und Umwelt der Tiere« dargestellt hat, das Faktum der tierischen Eigenwelten ist durch das Studium der Farbenwelt bedeutend erweitert worden. Wir wissen seither um die Möglichkeit vieler Tiere, auch der Krebse und Insekten, mit dem polarisierten Himmelslicht umzugehen und sich mit seiner Hilfe im Lichtreich zu orientieren. Die biologische Forschung hat auf der einen Seite in das Gemeinsame alles Lebendigen hineingeführt, immer tiefer, bis in die Grundstruktur unseres Erbmechanismus. Auf der andern Seite aber zeigt sie uns Kontraste des Erlebens, die uns auch unsere eigene Sonderart immer eindrücklicher bewußt machen. Der Verstand hat uns gezwungen, aus den Gefilden unserer Kindheit, aus unserer naiven Welt auszuziehen, wenn wir uns die Wirklichkeit der erforschten Welt vorstellen wollen.

Aber die gleiche Naturwissenschaft, die uns zwingt, mit Messen und Zählen eine neue Welt zu erfahren – sie macht uns zugleich ein neues unschätzbares Geschenk: Sie gibt uns die Gewißheit, daß die Welt der Sinne, das Reich der Farben, der Töne und Düfte unsere Eigenwelt ist – eine Eigenwelt, von der wir nur auf Umwegen erfahren, wieweit sie die uns verwandten Lebensformen mit uns teilen. Ich

habe das Beispiel des Farbensinns gewählt. Wer sich ein Bild davon machen möchte, wie sicher wir darüber sind, was unseren nächsten Partnern im Tierreich die Augenwelt bedeutet, der muß sich einmal in die widersprechenden Resultate vertiefen, die über den Farbensinn der Säugetiere vorliegen.
Es wird weitergeforscht.
Inzwischen aber schenkt uns das vertiefte Wissen um die Besonderheit der Welt unserer Sinne das Reich der Qualitäten und erneut die Freude am Spiel mit diesem Reichtum. Die reine und große Wirklichkeit dieser Wunder unserer Sinneswelt müssen wir in ihrer schöpferischen Möglichkeit erkennen und bewahren, eine Welt, aus der unser rechnender Verstand uns immer weiter wegführt. Die Feuerblumen, wie wir in unserer Heimat den roten Mohn nennen, sie sind so brennend rot für uns, und das Wissen um das Ultraviolett im Bienenmohn kann meiner Freude nichts anhaben, wenn im Frühsommer am Wegrand und im blaugrünen Haferfeld das Mohnrot zu unserer Augenweide glüht.
Wollen wir nicht dankbar sein für die besonderen Entdeckungen der Biologen im Farbenreich?
Ich wandere durch die grüne Welt, wie verzaubert, im Sinnen um die fremden Farbenwelten, an die mich das Summen der Bienen im blühenden Kirschbaum erinnert, und wie eine erneute Kinderfreude kommt es über mich, wenn ich denke, daß die grüne Welt die unsrige ist.
Das Ergründen der Farbenwelt bringt uns aber nicht nur das Wissen um die Besonderheit unseres Erlebens, sie mahnt uns auch an das große Geschenk des reinen Erkennens, eines Forschens, hinter dem nicht die Angst um vernichtende Folgen, um Zerstörung unserer Umwelt droht. Das ist es, was mir auch immer wieder als die große Gnade der morphologischen Arbeit erscheint: Die ungetrübte Freude am Erfassen von Zusammenhängen, von Regeln des natürlichen Gestaltens, das Glück einer wissenschaftlichen Arbeit, die durch Einblicke in das lebendige Geschehen die Welt zur geistigen Heimat macht.

Meine Gedanken sind scheinbar weit weggeführt worden von der Tatsache, daß die Forschung abhängt von den Mächten, denen es um Herrschaft zu tun ist, und daß es ihr selber nicht gegeben ist, die Bedrohung unseres Daseins durch die Folgen wissenschaftlicher Arbeit abzuwenden. Aber der Blick in ein Forschungsfeld reinen Erkennens, ein Feld geistiger Arbeit, das nicht sogleich die verheerendsten technischen Folgen aufschließt – der Blick in ein solches Arbeitsgebiet öffnet Möglichkeiten, die letztlich an einer neuen Geistesart mitgestalten, die allein imstande ist, ein Verhältnis zur Natur zu schaffen, welches die heilenden, statt der zerstörenden Kräfte im Menschen stärkt.

Noch im 18. Jahrhundert – ich erwähnte es bei anderer Gelegenheit – galt die Biologie als Liebhaberei, und das Wort vom Dilettanten hatte einen guten Klang. Das Dilettare, der lustvolle Umgang mit dem Gestaltenreichtum der Natur hatte einen hohen Sinn als Bringer von Lebensfreude, einen Sinn, den es wieder gewinnen sollte. Ein Verhältnis zur Natur, wie es vor dem rasenden Ausbau des Forschens und seiner technischen Möglichkeiten wirksam war, sollte auf unserem sorgenvollen Weg zur Jahrtausendwende wieder gestärkt werden.

Wissen als das Vorrecht des freien Menschen, der Freude sucht, dem die Spannung in dieser Freude ein neuer Wert ist – das wäre ein Beitrag zu einer neuen Weltsicht, in einer Zeit, in der immer mehr Menschen das Vorrecht freier Zeit erstreben und besitzen. Vielleicht würde eine mächtig erneuerte wahre Naturfreude dazu helfen, daß die Menschen, die sich als Maßgebende ansehen, auch zum Maßhalten beitragen. Das wäre ein Beitrag der Lebensforschung zum Bewahren der Natur für die kommenden Generationen.

Während fünf Jahrzehnten habe ich der Biologie gedient, in strengem Forschen wie im Unterrichten. Wenn ich im Rückblick auf diese Zeit und im Ausblick auf Kommendes vom Forschen als einem Weg zur Lebensfreude spreche, vom Liebhaben, vom Dilettare als einer Hilfe in der gefahrvollen Zeit, die vor uns liegt, so wage ich zu hoffen, daß man mir glaubt, es sei mir damit ernst – tief ernst.

ANHANG

BIBLIOGRAPHIE

Die hier aufgeführten Publikationen von Adolf Portmann enthalten Literaturhinweise sowohl zu den speziellen biologischen Arbeiten wie zu den allgemeineren Problemen, die in diesem Buche diskutiert werden.

1. Biologische Werke

Biologische Fragmente zu einer Lehre vom Menschen.
1. Auflage 1944; 3. neubearbeitete Auflage, Basel 1969.

Neue Wege der Biologie.
Sammlung Piper, München 1965.

Das Tier als soziales Wesen.
Zürich 1953; jetzt Suhrkamp, Frankfurt a. M. 1969.

Zoologie aus vier Jahrzehnten.
Gesammelte Abhandlungen. München 1967.

Die Tiergestalt.
2. Auflage, Basel 1960.

Tarnung im Tierreich.
(Verständliche Wissenschaft) Berlin, Göttingen, Heidelberg 1956.

Einführung in die vergleichende Morphologie der Wirbeltiere.
4. Auflage, Basel 1969.

2. Abhandlungen von allgemein geistesgeschichtlichem Charakter

Biologie und Geist.
1. Auflage, Zürich 1956; jetzt Suhrkamp Taschenbuch, Frankfurt a. M. 1973.

Aufbruch der Lebensforschung.
Zürich 1965; jetzt Suhrkamp, Frankfurt a. M.

Entläßt die Natur den Menschen?
München 1970.

Vom Lebendigen.
Bibliothek Suhrkamp, Frankfurt a. M. 1973.

3. Werke zur weiteren Orientierung über die Arbeiten von Adolf Portmann

Grene, Marjorie:
Approaches to a Philosophical Biology.
New York/London 1965.

Kugler, Rolf:
Philosophische Aspekte der Biologie Adolf Portmanns.
Mit ausführlichem Literaturverzeichnis. Zürich 1967.

Koepke, E.:
Adolf Portmann, Wegbereiter zu einem neuen Weltbild.
Hamburg 1964.

SACH- UND PERSONENREGISTER